Wolfgang Benkhardt

Nördlicher Oberpfälzer Wald
Offizieller Führer für den Naturpark

Wolfgang Benkhardt

NÖRDLICHER OBERPFÄLZER WALD

Offizieller Führer für den Naturpark

Nördlicher Oberpfälzer Wald

BUCH- UND KUNSTVERLAG OBERPFALZ

Bibliografische Information der Deutschen Nationalbibliothek

Die Deutsche Nationalbibliothek verzeichnet diese Publikation in der Deutschen Nationalbibliografie; detaillierte bibliografische Daten sind im Internet über http://dnb.dnb.de abrufbar.
ISBN 978-3-95587-105-5

Für uns, die Battenberg Gietl Verlag GmbH mit all ihren Imprint-Verlagen, ist Nachhaltigkeit ein wichtiger Teil unserer Unternehmensphilosophie. Daher achten wir bei allen unseren Produkten auf den Einsatz umweltschonender Ressourcen und Materialien.
Dieses Buch wurde auf FSC®-zertifiziertem Papier gedruckt. FSC (Forest Stewardship Council®) ist eine nicht staatliche, gemeinnützige Organisation, die sich für die verantwortungsvolle und ökologische Nutzung der Wälder unserer Erde einsetzt.

Unsere Partnerdruckerei kann zudem für den gesamten Herstellungsprozess nachfolgende Zertifikate vorweisen:
- Zertifizierung für FOGRA PSO
- Zertifizierungssystem FSC®
- Leitlinien zur klimaneutralen Produktion (Carbon Footprint)
- Zertifizierung EcoVadis (die Methodik besteht aus 21 Kriterien in den Bereichen Umwelt, Einhaltung menschlicher Rechte und Ethik)
- Zertifikat zum Energieverbrauch aus 100 % erneuerbaren Quellen
- Teilnahme am Projekt „Grünes Unternehmen" zum Schutz von Naturressourcen und der menschlichen Gesundheit

BILDQUELLEN:

Wolfgang Benkhardt

Thomas Stock, Natur- und Landschaftsfotografie, Vohenstrauß

Tourismusgemeinschaft Oberpfälzer Wald: Thomas Kujat, Norbert Eimer, Stefan Gruber

Naturpark Nördlicher Oberpfälzer Wald: Philipp Glaab, Michaela Griener, Heiko Hoffmann, Mathilde Müllner, Bernd Stengl

Oberpfalz Medien: Tobias Schwarzmeier

Marco Knott, Bärnau

Krippenschau Plößberg

Landestheater Oberpfalz

Adobe Stock-Bilddatenbank

Überarbeitete 3. Auflage 2023
ISBN 978-3-95587-105-5
Alle Rechte vorbehalten!
© 2023 Buch- und Kunstverlag Oberpfalz in der
Battenberg Gietl Verlag GmbH, Regenstauf
www.battenberg-gietl.de
Layout & Satz: Margit Schmidt

Vorwort

Eingebettet zwischen den Höhen des Fichtelgebirges, dem Fränkischen Jura, dem Böhmerwald und dem Vorderen Bayerischen Wald liegt im Nordosten Bayerns der 138.000 Hektar große Nördliche Oberpfälzer Wald. Er ist ein Geheimtipp für Naturliebhaber, die das Besondere suchen, die gerne weitab von großen Tourismusströmen Zwiesprache mit der Natur halten und einfach mal die Seele baumeln lassen wollen. Kaum ein anderer Naturpark ist so reich strukturiert. Idyllische Weiher und Seen wechseln sich mit ausgedehnten Waldgebieten, bizarre Felslandschaften mit romantischen Flusstälern, karge Moorbereiche und Sandebenen mit Urgesteinen aus dem Erdinneren ab. Natur, Kultur und Geschichte gehen eine zauberhafte Symbiose ein. Dieses Büchlein will helfen, die Schönheiten dieses ungewöhnlichen Landstrichs, der zudem das südlichste Vulkangebiet Bayerns ist, zu entdecken.

Unsere Reise beginnt im Oberpfälzer Hügelland im Westen und führt über den Vorderen Oberpfälzer Wald zu den Höhen des Oberpfälzer Grenzgebirges, das zusammen mit den Nachbarregionen einen Teil des einzigartigen „Grünen

Von vielen Bergen im Naturpark hat man eine traumhafte Aussicht ins Land. Hier ist der Blick vom Schlossberg Flossenbürg zu sehen.

Eines der bekanntesten und schönsten Ausflugsziele ist das Waldnaabtal. Der Uferpfad führt entlang des Flusses über Stock und Stein.

Daches Europas" bildet. Mit dem Goldsteig durchquert auch einer der „Top Trails of Germany", der zehn schönsten Wanderwege Deutschlands, den Naturpark. Die „Ge(h)nuss"-Route führt vom wildromantischen Waldnaabtal über sanfte, von Burgruinen gekrönte Waldbuckel in das naturbelassene Pfreimdtal. Ein weiteres Highlight ist „der Bockl", eine weitgehend asphaltierte Freizeitstrecke, die mit rund fünfzig Kilometern gleichzeitig der längste Bahntrassenradweg Bayerns ist.

Wer mit offenen Augen wandert oder radelt, für den öffnen sich immer wieder Fenster, die Einblicke in die unglaublich faszinierende Geschichte unseres blauen Planeten ermöglichen. Es ist kein Zufall, dass sich Wissenschaftler ausgerechnet diese Region ausgesucht haben, um das tiefste Loch der Welt zu bohren und den Geheimnissen der Erdgeschichte nachzuspüren.

Im Nördlichen Oberpfälzer Wald leben Tiere und Pflanzen, die in vielen anderen Gebieten der Republik schon lange verschwunden oder zumindest selten geworden sind. Zahlreiche Naturerlebnispfade schärfen die Sinne und wecken Verständnis.

Der 1975 gegründete und 1998 mit dem „Hessenreuther und Manteler Wald mit Parkstein" verschmolzene Naturpark zeigt Wege auf, wie Mensch, Tier und Pflanzen im Einklang miteinander existieren können. Er schützt durch gezielte Landschaftspflege heimische Arten und Lebensräume in ihrer standorttypischen Vielfalt, erhält gewachsene Strukturen und sichert den Naturhaushalt durch Förderung eines Biotopverbundes. Kurzum: Der Naturpark soll eine Vorbildlandschaft sein. Die Geschäftsstelle im Landratsamt berät und koordiniert die intensive Zusammenarbeit von Kommunen, Naturschutzverbänden sowie staatlichen Behörden. Gleichzeitig fördert sie Projekte, welche die Erholungs- und Erlebnismöglichkeiten verbessern.

Wie gut dies gelingt, zeigt sich daran, dass der Nördliche Oberpfälzer Wald im Jahr 2002 als Vierter der rund hundert deutschen Naturparke das begehrte Viabono-Gütesiegel für umweltorientierten Tourismus erhalten hat. Außerdem hat der Dachverband das Gebiet bereits 2006 in den Kreis der deutschen Qualitäts-Naturparke aufgenommen. Er zählt damit zu den besonders schützenswerten Nationalen Naturlandschaften.

Maskottchen des Nördlichen Oberpfälzer Waldes, der sich über den Landkreis Neustadt a. d. Waldnaab, die kreisfreie Stadt Weiden i. d. OPf. und Teile des Landkreises Tirschenreuth erstreckt, ist die „Butzlkouh", ein witziger kleiner Zapfenzwerg. Dies kommt nicht von ungefähr: „Butzlkouh" ist ein uralter Oberpfälzer Ausdruck für den Zapfen der Kiefern, einer prägenden Baumart der Region. Mit etwa vierzig Prozent Forstanteil gehört der Naturpark zu den waldreichsten Gebieten Bayerns. Gleichzeitig ist er eine der am dünnsten besiedelten Regionen. Wer will, kann hier stundenlang wandern, walken, radeln, rollen, reiten oder rudern, ohne einer Menschenseele zu begegnen. Dies heißt aber auch, dass Touren durch den Naturpark sorgfältig geplant werden sollten, denn nicht jeder Weg ist gesäumt mit Einkehrmöglichkeiten.

Farbenprächtig ist der Dukatenfalter.

Es besteht übrigens auch die Möglichkeit, den Nördlichen Oberpfälzer Wald unter www.naturpark-now.de im Internet zu besuchen und sich dort über Infoschriften, Produkte, Gaststätten und Veranstaltungen zu informieren.

INHALTSVERZEICHNIS

Im Reich des fliegenden Feuerfisches 10
Der Westen des Naturparks ist geprägt von historischen Weiherlandschaften, wie Rußweihergebiet, Beckenweiher und Süßenloher Weiher. Nach einer alten Sage soll dort ein fliegender Feuerfisch sein Unwesen treiben.

Im Land der schlafenden Vulkane 26
Im Naturpark liegt das südlichste Vulkangebiet Bayerns mit den Basaltkegeln Parkstein, Rauher Kulm und Kleiner Kulm. Im Schatten der schlafenden Vulkane liegen Ausflugsziele wie der Barbaraberg, das barocke Kloster Speinshart und das Tremmersdorfer Wurzelmuseum. Und dann ist da noch ein Museum, in dem täglich mehrfach ein Vulkan ausbricht.

Wanderbare Wipfel-Welten 42
Der Lebensraum Wald prägt den Nördlichen Oberpfälzer Wald. Walderlebnispfade, wie Bierlohe bei Grafenwöhr, Holzweg bei Eschenbach und die Walderlebniswelt Winterleite bei Pressath, gewähren faszinierende Einblicke in eine Welt, in der auch der Wolf wieder seinen Platz gefunden hat.

Lust auf eine Partie „Stadt, Land, Fluss?" 58
Flüsse wie Waldnaab, Haidenaab und Creußen mit ihren Auenlandschaften bilden ergiebige Lebensräume. Die Kraft des Wassers hat die Täler früher zu einem florierenden Wirtschaftsgebiet gemacht, oft „Ruhrgebiet des Mittelalters" genannt. Neben alten Hammerschlössern hat auch das Militär seine Spuren hinterlassen.

Ausflüge in die Erdgeschichte 76
Im Naturpark haben Wissenschaftler mit dem Kontinentalen Tiefbohrprojekt bei Windischeschenbach Erkenntnisse über den Aufbau des Planeten gewonnen, die von ihrer Bedeutung her oft mit der Mondlandung verglichen werden. Doch nicht nur wegen des tiefsten offenen Bohrlochs der Welt ist der gesamte Naturpark Teil des Geoparks Bayern-Böhmen.

Zu Gast bei Wassermann, Meerfrau und Moosweiblein 94
Im Naturpark gibt es viele verwunschene und sagenhafte Plätze. Zum Beispiel im Waldnaabtal, in dem die Geister versunkener Burgen umhergehen sollen. Oder im Doost, in dem der Teufel persönlich ausgebuttert haben soll. Oder im Lerautal, in dem die Wolfslohklamm die Fantasie beflügelt. Und dann ist da auch noch der Zoigl, das Kultbier der Oberpfalz.

In der Stadt des Komponisten Max Reger 112
   Weiden i.d. OPf. liegt mitten im Herzen des Naturparks. Die kreisfreie Stadt ist eng
   mit dem Namen des berühmten Komponisten Max Reger und der Porzellanherstellung
   verbunden. Neben der historische Altstadt mit dem schmucken Alten Rathaus und
   den Kirchen St. Michael und St. Josef sowie dem Porzellanmuseum gibt es auf einem
   stadtökologischen Lehrpfad allerhand zu entdecken. Und zusätzlich führt sogar noch
   ein Weg direkt ins alte Moor.

Freizeit, wo einst Dampfloks fuhren 128
   Der Bockl ist der längste Bahntrassenradweg Bayerns. Von Neustadt a. d. Waldnaab
   bis nach Eslarn verbindet er auf einer Länge von über fünfzig Kilometern allerlei
   sehenswerte Ausflugsziele, wie den Kreislehrgarten Floß, den Rosenquarzfelsen
   Pleystein und das Zoiglmuseum in Eslarn. Der Bockl ist dabei mehr als „nur" ein
   Radweg; er ist eine Freizeittrasse für Jung und Alt, auf der auch Wanderer,
   Skater und E-Scooter-Fans willkommen sind.

Wo Erholung bis an die Grenzen geht 152
   Dort, wo der Naturpark endet, fängt für viele der Spaß erst richtig an. Die sanften
   Bergkuppen des Grenzkamms beherbergen viele attraktive Ausflugsziele, wie den
   Geschichtspark Bärnau, das Wander- und Skilanglaufzentrum Silberhütte, die
   Burgruine Schellenberg, den Wallfahrtsort Fahrenberg, den mittelalterlichen Kriegs-
   schauplatz Tillyschanz, das Naturwaldreservat am Eslarner Stückberg und so weiter.
   Vielerorts ist auch ein Abstecher nach Tschechien möglich.

Die Ranger: Im Auftrag der Natur unterwegs 180
   Die vielen seltenen Tiere und Pflanzen im Naturpark haben mittlerweile ihr eigenes
   „Personal": die Naturpark-Ranger. Ihre Aufgabe ist es, zu informieren und die Interessen
   von Tieren, Pflanzen und Menschen in einen vernünftigen Einklang zu bringen.

Entdecken und Erleben – Naturpark auf einen Blick .186
   Dieses Kapitel hilft Ihnen, sich schnell einen Überblick über sehenswerte Dinge in
   den Städten und Gemeinden des Nördlichen Oberpfälzer Waldes zu verschaffen.
   Von A wie Annaberg bis Z wie Zoigl haben Sie alle Sehenswürdigkeiten, wichtigen
   Denkmäler und lohnenswerten Ausflugsziele der jeweiligen Gemeinde im Überblick.

Ortsregister 195

Sanft schaukeln Seerosen auf den Wasseroberflächen vieler Stillgewässer des Nördlichen Oberpfälzer Waldes.

Im Reich des fliegenden Feuerfisches

Sanft schaukeln in Ufernähe die Schwimmblätter von Teichrosen auf der Wasseroberfläche. Bis zu vier Meter lange Stiele versorgen die Blumen aus der Tiefe des Sees mit Nährstoffen. Die goldgelb leuchtenden Blüten locken mit ihrem intensiven, alkoholartigen Duft allerlei Insekten an. Dies weiß auch der Wasserfrosch zu schätzen, der sich ganz in der Nähe sprungbereit macht.

Am Ufer gleiten derweil bunte Farbtupfer über die sanft hin- und herwogende Wasseroberfläche. Die so gefärbten lang gestreckten, gebogenen Leiber gehören schillernden Libellen wie der Braunen Mosaikjungfer, dem Vierfleck, der Nordischen oder Kleinen Moosjungfer, der leuchtenden Blutroten Heidelibelle, der blauen Azurjungfer, der blaugrün glänzenden Binsenjungfer und anderen Moorspezialisten.

Ein wenig abseits watschelt ein Schwanenpärchen unbeholfen vom Damm ins Wasser. Scharen von Wasserläufern spreizen in Ufernähe zwischen freigespülten Baumwurzeln ihre staksigen Beine in den See. Vor dem Schilfgürtel gründeln Stockenten nach Nahrung. Daneben balgen sich Blesshühner um Pflanzenteile.

Auch das Röhricht ist voller Leben. Teichrohrsänger, Rohrammern und andere gefiederte Freunde gehen dort ihrem geschäftigen Tagwerk nach. Aus der Ferne beobachtet eine Kolonie Kormorane die Szenerie. Ihre schwarzen Flügel recken die Vögel nach dem Fischfang zum Trocknen in die warme Sonne. Mit stoischer Ruhe wartet ein Graureiher im Flachwasser auf einen Leckerbissen, den er mit seinem spitzen Schnabel aus dem Wasser fischen kann. Ein Knacken im Unterholz genügt – und die Idylle ist dahin. Aus Grashorsten schwingen sich Hunderte von Möwen in die Luft. Sofort ist der See erfüllt von lautem Gekreische. Die Vögel haben Angst um ihre bereits geschlüpften Jungen oder bebrüteten Eier.

Die Gebänderte Prachtlibelle wird aufgrund ihres Aussehens oft als Schmetterling angesehen.

Viele seltene Tiere und Pflanzen

Die vielen stillen Gewässer des Naturparks sind voller Leben. Die bekannteste und wohl schönste Seenlandschaft ist die **Rußweiherkette** bei Eschenbach i. d. OPf. Der Wechsel von freien Wasserflächen, ausgedehnten Verlandungszonen und Flachmoorbereichen bietet vielen seltenen Pflanzen und Tieren ein Zuhause. Man findet dort Sumpfschwertlilien, Zwerg- und Haubentaucher, Ringelnattern und Kreuzottern.

Neben der bekannten hundertvierzig Hektar großen Vogelfreistätte mit Großem Ruß-, Paulus- und Rußlohweiher sowie einigen angrenzenden Waldflächen gibt es hier ein zweites Naturschutzgebiet: 1989 wurden auch die westlich angrenzenden Häusel-, Buchfelder-, Strass-, Kulmberg-, Stock-, Böller-, Schwarz-, Fuß- und Schlammersdorfer Weiher unter Schutz gestellt. Dieses Eschenbacher Weihergebiet ist weitere hundertdrei Hektar groß.

Der Sonnentau ist eine fleischfressende Pflanze.

Der Obersee, auch Großer Rußweiher genannt, bietet vielen Wasservögeln ein Zuhause.

Tipp: Blick in die Kinderstube der Möwenkolonie

Das **Rußweihergebiet** bei **Eschenbach i.d. OPf.** ist die „finnische Ecke" des Naturparks. Das Gebiet ist ein Eldorado für seltene Wasservögel. Der Obersee und einige angrenzende Weiher sind über ein Wanderwegenetz gut erschlossen. Von vier Aussichtskanzeln besteht die Möglichkeit, die Wasservögel zu beobachten. Besonders lohnenswert ist eine Exkursion im Mai oder Juni. Dann können die Wanderer auch einen Blick in die Kinderstube der Möwenkolonie werfen. Der Weg um den Großen Rußweiher ist knapp vier Kilometer lang. Wer auch noch Rußloh- und Paulusweiher umrunden will, muss etwa fünf Kilometer weit gehen. Von einer Aussichtskanzel kann man auch den Fischadler beobachten, der seit einigen Jahren wieder hier regelmäßig nistet und Junge großzieht: ein in der Region einzigartiges Naturschauspiel.

Aussichtskanzeln ermöglichen faszinierende Aus- und Einblicke.

Der Wanderweg um den Rußweiher ist mit einer Möwe gekennzeichnet – aus gutem Grund: Die Lachmöwe ist der Charaktervogel dieses Gebiets. Schon 1626 ist die Brutkolonie in alten Schriften erwähnt. Im Mittelalter nannten die Bürger die Vögel übrigens Geier. Die Jungen und die Eier galten als besondere Delikatesse. Ein Großereignis in dieser Zeit war alljährlich der Geierschlag. Kurz bevor der Nachwuchs flügge wurde, überfielen Möwenjäger die Kolonie mit Booten, um die kleinen Vögel zu fangen und zu töten. Dies gehört Gott sei Dank lange der Vergangenheit an.

Nur wenige Monate Sommergast

Die Möwen sind nur wenige Monate im Jahr Sommergäste im Naturpark. Die kalte Zeit verbringen sie an der französisch-englischen Kanalküste oder im westlichen Mittelmeer. Von März bis etwa Juli ziehen sie hier ihre Jungen groß. Dabei verlieren Möwen keine Zeit mit einem aufwändigen Nestbau. Sie brüten auf dem fast nackten Inselboden oder Grasbüscheln. Das Wasser macht es für

Räuber wie Fuchs, Dachs oder Marder fast unmöglich, die Nester zu plündern. Zwei oder drei braun gesprenkelte Eier bebrüten Weibchen und Männchen abwechselnd. Die flauschigen Jungen können bald laufen. Sie werden in der Nähe des Nestes weiter mit Würmern, Käfern, Engerlingen und anderen Insekten gefüttert. Die Lachmöwen schwärmen zur Futtersuche bis zu zwanzig Kilometer weit aus. Es ist ein herrliches Bild, wenn sich alljährlich weitab vom Wasser Möwenschwärme hinter einem tuckernden Traktor an den frischen Ackerfurchen lautstark um die besten Leckerbissen balgen. Anfang Juli werden die Jungen flügge. Dann vagabundieren die Vögel in der Region umher. Wenige Wochen später verlassen sie den Naturpark. Der Name „Lachmöwe" hat übrigens nichts mit Spaß zu tun, er leitet sich vielmehr von der Vorliebe der Tiere ab, in flachen Wasserlachen zu nisten.

Im Schutz der Kolonie brütet auch der seltene Schwarzhalstaucher. Sogar den größeren Haubentaucher kann man am Rußweiher mit etwas Glück und Geduld entdecken. Die Vögel leben in friedlicher Eintracht mit zahlreichen seltenen Entenarten, wie der rotköpfigen Tafelente, der Schnatterente und der Krickente. Relativ zahlreich ist neben der Stockente auch die Reiherente vertreten. Die weißen Flanken und der Schopf verraten sofort, woher der Name kommt. Auch die Schellente lässt sich ab und zu entdecken. Sie brütet als einzige Vertreterin der Art nicht am Ufer, sondern in Baumhöhlen. Das Rußweiher-

gebiet ist zudem im Frühjahr und im Herbst ein wichtiger Rastplatz für nordische Enten und Watvögel.

Eigentlich sind die Gewässer keine natürlichen Weiher, sondern von Menschenhand geschaffene Teiche. Mönche des etwa drei Kilometer nordöstlich gelegenen Prämonstratenserklosters **Speinshart** haben sie angelegt. Die strengen Ordensregeln verboten es den Brüdern ganzjährig, Fleisch zu essen. Deshalb bereicherten sie mit Fisch und anderen Wassertieren ihre Speisekarte. Der Verkauf von Karpfen und Hechten war zudem ein lukratives Geschäft. Fisch kostete im Mittelalter mehr als doppelt so viel wie Rindfleisch. Vielleicht war die Angst vor Fischdiebstahl auch der Grund für eine schaurige Sage, die seit Generationen über den Rußweiher erzählt wird. Im Gewässer lebt demnach ein verwunschener Riesenhecht mit feurigen Flügeln, der von einem Gewässer zum nächsten fliegt. Immer wenn der Feuerfisch in die Fluten eintaucht, bäumt sich das Wasser auf und der See wirft große Wellen.

Früher waren der Große und der Kleine Rußweiher ein Gewässer. Erst später wurden sie durch einen Damm getrennt. Heute ist dieser Weg durch die Gewässer ein wunderschöner Spazier- und Radweg, der werktags auch mit dem Auto befahren werden kann. Der nordöstliche Teil des Kleinen Rußweihers ist für den Badebetrieb freigegeben. Mit rund sechsundzwanzig Hektar Fläche gilt er als das größte Strandmoorbad Bayerns. Die fünfzig Bootshäuser am Ufer bie-

Die Möwenkolonie am Obersee ist nicht zu überhören. Auch Schwarzhalstaucher (s. Einklinker) kann man auf dem Gewässer beobachten.

ten ein malerisches Bild. Ein großes Ereignis ist alljährlich das Abfischen des Freizeitgewässers, in dem sich vor allem Karpfen tummeln. Früher musste bei gutem Fischfang eine bestimmte Menge kostenlos an die Eschenbacher Bürger abgegeben werden; doch dies ist lange vorbei – sehr zum Leidwesen vieler Fischliebhaber in der Stadt.

Fisch im Stadtwappen

Ein Fisch, die Äsche, war auch der Namensgeber für das nahe Städtchen **Eschenbach i. d. OPf.** Die frühere Kreisstadt, die dieses Tier unter anderem im Wappen trägt, ist nicht nur wegen des hübschen Stadtplatzes mit dem freistehenden historischen Rathaus einen Besuch wert. Der malerische, abfallende Platz wird von zwei Gotteshäusern begrenzt. Oben auf dem Berg steht eine Marienkirche mit einer Nachbildung des Mariahilfbildes von Lucas Cranach dem Älteren. Auf die Zeit der Gotik geht die Pfarrkirche Sankt Laurentius am Fuße des Stadtplatzes zurück. Der Bau aus dem 15. Jahrhundert ist 1893 nach Westen hin erweitert worden; die verschiedenen Baustile sind schon am Turm erkennbar: Die unteren Geschosse sind quadratisch und gotisch gestaltet, der obere Aufbau stammt aus der Renaissance. Sehenswert ist das Gotteshaus vor allem wegen seines prächtigen Flügelaltars sowie eines Renaissancegrabsteins aus dem Jahr 1585. Neben dem Jüngsten Gericht ist auf dieser Solnhofener Platte auch Stammvater Adam als Bauer zu sehen.

Einen Besuch wert ist auch das Taubnschusterhaus in der Wassergasse 21, einer Querstraße zum Stadtplatz. Dort hat der Heimatverein Eschenbach eine

ADVENTURE-GOLF: GAUDI FÜR JUNG UND ALT

Beim **Hotel-Restaurant „Rußweiher"** am Nordufer des Sees befindet sich eine Adventure-Golfanlage. Bei den achtzehn Bahnen dreht sich alles um Sehenswürdigkeiten im Nördlichen Oberpfälzer Wald, wie Rauher Kulm, Parkstein, Doost und Waldnaabtal: ein Riesenspaß für Jung und Alt, der Lust darauf macht, die Miniaturberge und Gesteinswelten auch in Originalgröße zu sehen.

Auf einer Adventure-Golf-Anlage dreht sich alles um Sehenswürdigkeiten des Naturparks.

Auch Fischadler nisten regelmäßig im Naturpark. Die ersten Vögel sind aus den neuen Bundesländern eingewandert.

bemerkenswerte Sammlung zur Stadtgeschichte und zur Kommunbraugeschichte des Ortes zusammengetragen. Das liebevoll renovierte historische Ackerbürgerhaus ist nicht nur ein Museum, sondern auch eine ungewöhnliche Location für kulturelle Veranstaltungen und Feste. Sogar Zoigl, das Kultbier der Oberpfalz, wird von Zeit zu Zeit wieder ausgeschenkt. Zudem gibt es in der Stadt mit dem Mehrgenerationenpark eine Freizeitanlage, auf der die Kleinen zusammen mit den Großen Spaß haben können.

Es gibt noch ein zweites Stillgewässer mit einer Möwenkolonie im Naturpark: In der zwanzig Hektar großen Vogelfreistätte **Beckenweiher** in Weiherhammer nisten die Vögel ebenfalls. Vom Rathaus aus kann man über eine vorbildliche Besucherlenkung den früheren Hüttenweiher bis Mantel erkunden. Dabei kommen dem aufmerksamen Beobachter auch gefährdete Arten wie Eisvogel, Hauben- und Schwarzhalstaucher vor das Fernglas. Das 1939 unter Naturschutz gestellte Gewässer war früher Teil einer noch viel größeren Teichlandschaft mit knapp einem Dutzend weiterer Weiher. Sie vernetzten die **Haidenaab** mit anderen Fließgewässern. Auch der Beckenweiher selbst war etwa ein Drittel größer. Durch die Verlandung schoben sich die Ufer immer weiter ins Wasser.

Früher hieß übrigens die Siedlung an den Ufern nach dem Gewässer „Beckendorf". Erst 1934 wurde sie auf Wunsch der Bevölkerung nach dem benachbarten Hüttenwerk in **Weiherhammer** umbenannt. Herzog Theodor Eustach von Sulzbach hat das Unternehmen Anfang des 18. Jahrhunderts als Waffenschmiede gegründet. Er rüstete damals wegen eines drohenden Türkeneinfalls auf.

Ein ungemein wertvolles Feuchtbiotop ist auch der **Schießlweiher** bei **Schwarzenbach.** Zusammen mit Straß- und Ammerwolfweiher ist dieses Gewässer ein Dorado für seltene Tiere und Pflanzen. Daran hat auch der Bau einer Bundesstraße, die das Feuchtgebiet durchschneidet, nichts geändert. Das achtundzwanzig Hektar große und 1998 ausgewiesene Naturschutzgebiet ist Teil einer alten Weiherkette, die für die Hammerwerke im Haidenaabtal angelegt worden ist. Mit den Teichen konnten die Hammerherren im Sommer einen steten Wasserfluss zu ihren Werken bewerkstelligen. Die Nährstoffarmut im Bereich der Zuläufe hat zur Entwicklung einer sehr seltenen Teichbodenflora geführt. Um dieses Biotop dauerhaft zu sichern, hat 2002 der Bayerische Naturschutzfonds das Gewässer erworben und zum Paradies für Wasservögel wie den Silberreiher erklärt.

Hinter Hecken und Bäumen versteckt liegt der im Mittelalter aufgestaute **Süßenloher Weiher** bei **Altenstadt a. d. Waldnaab.** Der fünfunddreißig Hektar große Teich ist in Privatbesitz und nur schwer zugänglich.

Ein großes Erlebnis ist es für Jung und Alt, das große Abfischen mitzuerleben, wenn Karpfen, Hechte, Zwergwelse und andere Fische in den Netzen zappeln. Der Karpfen ist der wichtigste Fisch der Oberpfälzer Teichwirte. Etwa fünfundneunzig Prozent der Weiher sind damit besetzt. Bei der Karpfenzucht scheint die Zeit stehen geblieben zu sein. Wie vor Jahrhunderten dauert es drei Jahre, bis aus dem Laich ein erwachsener Fisch wird. Die Karpfen fressen hauptsächlich Plankton, das sie aus dem Wasser filtern. Diese eiweißreiche Nahrung ist der Grund dafür, dass Karpfen viele ungesättigte Fettsäuren enthalten und so gegen Herz- und Kreislauferkrankungen vorbeugen.

In einigen Gewässern tummeln sich auch Forellen, allerdings sind diese Fische viel schwieriger zu halten, weil für ihre Zucht der Sauer-

**MIT DEM BOOT
ÜBER DEN RUSSWEIHER**

Nicht nur an heißen Sommertagen ist der **Rußweiher** einen Besuch wert. Am Naturmoorbad gibt es einen Bootsverleih. Die „Flotte" besteht aus etwa zwei Dutzend Tretbooten und Kähnen, mit denen Familien das wunderschöne Gewässer mit den hübschen Uferhäusern erkunden können. Die Boote können bei der Naturpark-Info-Stelle „Hexenhäusl" oder während der Öffnungszeiten im Stadtbad ausgeliehen werden.

Der Karpfen ist der Brotfisch der Oberpfälzer Teichwirte.
Er kommt in den meisten Stillgewässern vor.

stoffgehalt des Wassers sehr hoch sein muss. Als Beifische werden Schleien, Rotaugen und Rotfedern sowie räuberische Hechte, Zander und Waller geduldet. Zudem sind die Teiche ein Lebensraum bedrohter Kleinfische, wie Moderlieschen, Gründling und Stichling. Selbst der Deutsche Edelkrebs ist oft anzutreffen.

Aufgrund moderner Hälterungen kommt im Naturpark mittlerweile in vielen Lokalen ganzjährig Fisch frisch auf den Tisch. Zahlreiche Gaststätten haben sich auf Fischgerichte spezialisiert, darunter das Gasthaus „Holzmühle" am Rußweiher. Neben Karpfen und Forelle gebacken, geräuchert oder blau gibt es auch Fischpflanzerln und andere Leckereien. Keine Frage, dass Steckerlfisch bei vielen Festen im Naturpark zum kulinarischen Angebot einfach dazugehört.

Beratung für Binnenfischer

Zwischen **Neustadt a. d. Waldnaab** und **Wurz** liegt ein Lehr- und Versuchsgelände, auf dem die Binnenfischer des gesamten Bezirks Oberpfalz beraten und geschult werden. Fachleute erforschen dort auch neue Zuchtfische und -methoden. Eine der selbst gestellten Aufgaben ist es, fast ausgestorbene Fischarten wieder in den Fließgewässern anzusiedeln. So wollen die Mitarbeiter den ausgestorbenen Stör wieder in der Donau heimisch machen. Für Gruppen sind Besichtigungen möglich.

Viele Stillgewässer im Naturpark sind besonders wertvoll, weil sie nahtlos in Moorbereiche übergehen. Von diesen jahrtausendealten Lebensräumen geht seit Menschengedenken eine besondere Faszination aus. Nicht nur das Leben, auch der Tod ist dort allgegenwärtig. Vergänglichkeit und Zukunft gehen eine seltsame Verbindung ein. Die eigentümliche Vegetation beflügelt nicht nur die Fantasie, sondern lässt auch Raum für Melancholie.

Es lebt im Nördlichen Oberpfälzer Wald zwar kein „Hund von Baskerville" wie im berühmten Dartmoor von Edgar Wallace, aber die Alten erzählen viele andere schaurig-schöne Geschichten. So gibt es zum Beispiel bei **Schwarzenbach** die **Teufelsloh,** die seit Menschengedenken den Einwohnern nicht ganz geheuer ist. Das manchmal auch „Teufelsmoor" genannte Biotop am Waldweg von **Pechhof** nach **Hütten** liegt am östlichen Talraum der Haidenaab und ist aus einem alten Torfstich neu entstanden. Bis in die 50er Jahre des 20. Jahrhunderts wurde dort abgebaut. Mit finanzieller Hilfe des Ordens „Der Silberne Bruch" hat der Naturpark in einer spektakulären Aktion den Moorbereich wieder freigelegt. Die Arbeiter trugen Schneeschuhe, um nicht zu versinken. Die gefällten Stämme hievten sie mit Kranseilen weg, um gefährdete Pflänzchen, wie den Sonnentau, sowie seltene Woll- und Riedgräser, wie die Weiße Schnabelsegge und die Armblütige Segge, nicht zu beschädigen. Heute flattern dort wieder Hochmoorgelbling und Hochmoorperlmuttfalter auf der Suche nach Raupen-Futterpflanzen zu Rausch- und Moosbeeren.

Am Heiblweiher bei Pechhof in der Gemeinde Schwarzenbach sind viele seltene Vögel anzutreffen.

Ganz in der Nähe davon soll westlich von Pechhof an einem Waldweg, der zum beliebten Ausflugsziel Josephstal führt, im 19. Jahrhundert ein Reiter mit seinem Ross in einem Sumpf versunken sein. Der Mann war auf dem Heimweg von einem Gefecht. Um nicht vom rechten Weg abzukommen, führte er eine brennende Laterne mit sich. Da sah er die Lichter von Pechhof durch das Dickicht schimmern. Froh, endlich eine Unterkunft für die Nacht gefunden zu haben, verließ er den Pfad, um schneller zu den Höfen zu gelangen. Dabei geriet er mit seinem Schlachtross in das Moor und versank langsam. Das Sumpfloch wird seitdem „Reiterspröll" genannt. „Pröll" ist eine uralte Bezeichnung für den Sumpf. Nicht wenige behaupten, dass sie in dunklen Nächten das schummrige Licht einer Laterne in der Tiefe des Morasts flackern gesehen haben.

Wissenschaftlich betrachtet, sind Moore Feuchtflächen, in denen abgestorbene organische Teile wegen Sauerstoffmangels nicht vollkommen zersetzt werden können. Die Reste bleiben liegen und häufen sich im Laufe der Zeit zu teils mächtigen Torfschichten an. Dies war auch einer der Hauptgründe für den Raubbau an der Natur. Noch heute ist die Torfgewinnung ein Grund, dass diese Lebensräume deutschlandweit abnehmen. Im Waldgebiet „Moos" bei Pressath kann man an vielen Stellen noch die Spuren des Abbaus erkennen.

Zwei Libellen bei der Paarung. Experten sprechen hier auch von einem Paarungs-Rad.

Auch massive Eingriffe in den Wasserhaushalt und das Trockenlegen von Gebieten haben viele Feuchtflächen vernichtet. Geblieben sind Ortsnamen wie die „Mooslohe" in **Weiden i. d. OPf.** Sie erinnern daran, dass die Nordoberpfalz einst in weiten Bereichen ein undurchdringliches Sumpfgebiet war. Der Naturpark setzt alles daran, die Reste dieser Urlandschaft zu bewahren.

Dort, wo es möglich ist, werden Moorgebiete renaturiert. Fachleute unterscheiden zwei Typen: Niedermoore, die von Grundwasser gespeist werden, und Hochmoore, in denen sich das Niederschlagswasser sammelt. Oft wird bei der Verlandung ein Gewässer zu einem Niedermoor. Später, wenn die Torfmoose durch ihr Wachstum den Grundwasserspiegel überschreiten, wird daraus ein Hochmoor. Das Zwischenstadium nennen Wissenschaftler Übergangsmoor.

Die Feuchtgebiete des **Manteler Waldes** sind ein bayernweit bedeutender Lebensraum der Spirke. Diese Sonderform der Bergkiefer ist inzwischen so rar geworden, dass die Bäume mittlerweile unter Schutz stehen. Unter anderem wegen dieses Eiszeitrelikts wurde im Manteler Wald mit Hirschberger Loh, Igelsteiner Weiher, Langem Damm, Unterer Schreinerlohe und Heuweg ein zweihundertzwanzig Hektar großes Landschaftsschutzgebiet ausgewiesen.

Auf kargen Moorböden hat die anspruchslose Spirke einen klaren Standortvorteil gegenüber anderen Bäumen. Das Gehölz, das auch in Hochgebirgen vorkommt, ist ebenso wie Moorföhre und Zwergkiefer ein Ableger der Bergkiefer. Die Arten kann man durch ihre dunkle Borke, dunklen Nadeln sowie die Anordnung der Zapfen (bei der Spirke sitzen sie waagrecht auf den Zweigen) gut von der weit verbreiteten Waldkiefer unterscheiden. Bei Ausflügen sollte man im Manteler Wald unbedingt Hunde an die Leine nehmen. In diesem ausgedehnten Forstgebiet hat sich auch eines der ersten Wolfsrudel in Bayern angesiedelt!

Fleischfressende Pflanzen am Werk

In den Feuchtgebieten im Nördlichen Oberpfälzer Wald gibt es übrigens auch fleischfressende Pflanzen. Aber keine Angst, sie machen nur Jagd auf Insekten. Man muss schon genau hinsehen, um dieses ungewöhnliche Gewächs zwischen den grünen Moospolstern und Grashorsten zu entdecken. An dem etwa zehn bis zwanzig Zentimeter hohen Sonnentau scheinen selbst an warmen Tagen Tautröpfchen an den Blättern zu hängen. Der klebrige Film ist eine Jagdlist, mit der die Pflanze in diesen Extremstandorten überleben kann. Mit den im Licht glitzernden Tropfen, die dem Sonnentau auch den Namen eingebracht haben, lockt sie Insekten an, nicht etwa um sich bestäuben zu lassen, sondern um sie in aller Ruhe zu verzehren. Die an den Klebetropfen hängenbleibenden Insekten werden im Zeitlupentempo von den Blättern gefesselt und dann von der Pflanze verdaut. Ein bis zwei Tage braucht so ein Pflänzchen, um ein Beutetier zu

BESUCH AM MOOR

Das bekannteste Moorgebiet des Naturparks ist das Naturwaldreservat „Gscheibte Loh" im **Manteler Wald.** Auf dem ehemaligen Damm der Torfbahn führt ein Pfad in wenigen Minuten zum mit Spirken gesäumten Moorweiher, dem Zentrum des einstigen Torfstichs. In der Walderlebniswelt „Winterleite" bei **Pressath** können die Besucher ein renaturiertes Moorgewässer bestaunen.

Eine Charakterpflanze für Moorbereiche ist das Wollgras. Meist im Mai verwandelt es ganze Wiesen in verträumte Wattelandschaften.

zersetzen und dem Nahrungskreislauf zuzuführen. Anschließend öffnet sich die Falle wieder. Die Pflanze hat sich damit perfekt auf die extreme Nährstoffarmut in den Hochmooren eingestellt. Im Mittelalter galt der Sonnentau als Zauberkraut, mit dem Alchimisten Gold herstellen wollten. Man glaubte auch, dass die heute streng geschützte Pflanze vor Wahnsinn und Zahnschmerz schütze, Krämpfe löse und Keime töte. Es gibt zwei verschiedene Arten davon im Naturpark: den Rundblättrigen und den Mittleren Sonnentau. Sie unterscheiden sich vor allem durch die Form ihrer Blätter.

Eine andere Charakterpflanze sind die Wollgräser, die meist im Mai Moorbereiche in verträumte Wattelandschaften verwandeln. Dann öffnen sich an den Spitzen der borstigen Gräser flauschige Haarbüschel. Es handelt sich dabei um die Fruchtstände der Pflanze, von der es im Naturpark zwei verschiedene Arten gibt: das Scheidige und das Schmalblättrige Wollgras. Am leichtesten kann man sie in der Blütezeit voneinander unterscheiden. Während das Scheidige Wollgras am Ende der Halme einen einzigen, eiförmigen Blütenstand bildet, zieren das Schmalblättrige Wollgras drei bis fünf Ährchen. Kräuterweiblein haben die Fruchtschöpfe früher fleißig gesammelt, um damit Blut zu stillen oder Blasenbeschwerden zu lindern. Auch Kissenfüllungen und Lampendochte wurden damit hergestellt.

Einzigartig in ganz Bayern ist der Bestand an Fisch- und Seeadlern. Der Fischadler, der jahrzehntelang im Freistaat als ausgestorben galt, ist aus den neuen Bundesländern in den Nördlichen Oberpfälzer Wald zurückgekehrt. Zuletzt gab es regelmäßig bebrütete Horste am **Obersee,** am Truppenübungsplatz **Grafenwöhr** und im **Hessenreuther Wald.** Der Adler, der eine Flügelspannweite von 1,30 bis 1,70 Meter hat, braucht offene Wasserflächen, da er sich hauptsächlich von Fischen ernährt, die er bis aus einem Meter Tiefe aus dem Wasser holt. Fischadler sind in der Region Zugvögel, die in Afrika überwintern, ganz im Gegensatz zu den größeren Seeadlern, die sich nicht nur von Fischen, sondern auch von Wasservögeln und Aas ernähren. Mit einer Flügelspannweite von bis zu rund 240 Zentimetern ist der Seeadler der größte Greifvogel im Naturpark.

Am Obersee besteht die Möglichkeit, von Aussichtspunkten aus die Jagd der Greife und das Geschehen in einem Fischadlerhorst zu beobachten. An einem Horst gibt es zudem eine Webcam, die faszinierende Bilder aus dem Leben der Adler auf einen Monitor in die Info-Stelle „Hexenhäusl" in **Großkotzenreuth** am Kleinen Rußweiher überträgt. Der Livestream kann auch bequem von zu Hause aus verfolgt werden.

Im Raum von **Kirchenthumbach** und **Schlammersdorf** verändert die Landschaft schlagartig ihr Gesicht. Hier prägen die letzten Ausläufer des fränkischen Juragebirges die Vegetation des Naturparks. Die unterschiedliche Beschaffenheit der Böden ist der Natur deutlich anzumerken. Hier tritt an die Stelle des wasserreichen Oberpfälzer Bruchschollenlandes durchlässiges fränkisches Kalkgestein. Die sattgrünen Wiesen machen vielerorts hochgebirgsähnlichem gelbgrünem Kalkmagerrasen Platz, auf dem auch seltene Enziane und die Herbstzeitlose wachsen. Besonders lohnenswert ist eine Exkursion im Sommer, wenn sich auf diesen kurzrasigen Wiesen seltene Insekten tummeln. Eine weitere Besonderheit sind Karstquellen, die auf unterirdische Hohlräume hinweisen und deren Wasserschüttung von vorangegangenen Niederschlägen abhängt. Am bekanntesten ist der Karstquelltopf am Kirchenthumbacher Schlatterbrunnen (am Ortsausgang Richtung Auerbach), der nach längerem Regen oft wie von Geisterhand zu sprudeln beginnt.

Auf den Magerrasen gedeihen auch seltene Orchideenarten wie das Kleine Knabenkraut.

Der 644 Meter hohe **Kütschenrain,** auch „Kitschenrain" genannt, ist die letzte große Erhebung des Juragebirges und zudem eine wichtige Wasserscheide. Auf der einen Seite münden alle Flüsse und Bäche über Pegnitz, Main und Rhein in die Nordsee. Auf der anderen Seite steuern die Fließgewässer über Naab und Donau das Schwarze Meer an.

Am Fuße des Berges liegt der Ort **Thurndorf.** Dort gibt es mit der Theophilusglocke die älteste Glocke Bayerns, ja wahrscheinlich sogar ganz Deutschlands zu sehen. Der vierundvierzig Zentimeter große Guss aus der Dorfkirche Sankt Jakobus stammt aus dem 11. Jahrhundert. Das Kirchlein selbst ging vermutlich aus einer Burgkapelle hervor.

Nicht nur geologisch, auch geschichtlich verläuft hier eine Trennlinie. Hier endete Altbaiern und begann Franken. Heute grenzt hier die Oberpfalz an Oberfranken und der Naturpark Nördlicher Oberpfälzer Wald an den Naturpark Fränkische Schweiz und Veldensteiner Forst. Das geschichtsträchtige Gasthaus „Mauth" in **Oberlenkenreuth,** in dem man übrigens auch gut Brotzeit machen kann, war früher die Mautstelle in der Region.

Sehenswert sind auch die Dorf- und Bergkirchen, die über das ganze Marktgebiet verstreut sind. Da ist zum Beispiel die am Waldrand gelegene Kalvarienbergkirche in **Thurndorf** mit herrlicher Aussicht, die Waldkapelle Heilig Blut bei **Heinersreuth** (mit sehenswerten Totenbrettern an den Bäumen), die uralte Georgskirche in **Neuzirkendorf** (Teile des Gebäudes sind romanischen Ursprungs und reichen bis ins 12. Jahrhundert zurück) und die Bergkirche in **Kirchenthumbach** (mit Nachbildung des Gnadenbildes aus dem österreichischen Wallfahrtsort Mariazell).

AUSSICHTSTURM AUF DEM KALVARIENBERG BEI THURNDORF

Seit 2015 steht auf der Wasserscheide auf dem **Kalvarienberg bei Thurndorf** ein Aussichtsturm. Wer die 133 Stufen der futuristisch anmutenden Stahlkonstruktion erklimmt, hat einen traumhaften Rundumblick. Die Dreiecksform des 25 Meter hohen Turms könnte auch als Hinweis gedeutet werden, dass einem dort drei Naturparke zu Füßen liegen: der Nördliche Oberpfälzer Wald, die Fränkische Schweiz und das Fichtelgebirge. Damit macht der benachbarte Ort auch seinem Namen wieder alle Ehre, der daran erinnert, dass dies ein Ort mit Turm war. Ein uralter Turmstumpf aus Kalkstein wurde 1998 bei Abbrucharbeiten am Friedhof wieder freigelegt.

Die Stadt Neustadt am Kulm liegt zwischen zwei Vulkankegeln: dem Kleinen Kulm (vorne) und dem Großen Kulm (im Hintergrund).

Im Land der schlafenden Vulkane

Der Boden bebt. Mehrere Kilometer tiefe Gräben reißen auf. Von panischer Angst getrieben, ergreifen Säbelzahnkatzen und andere Tiere die Flucht. Unter gewaltigem Druck steigen aus dem oberen Erdmantel heiße Gesteinsmassen auf. Gase und Dämpfe zischen aus Rissen und schießen in die Atmosphäre. Heißer Ascheregen fällt nieder … Dieses schaurige Szenario stammt nicht etwa aus einem Hollywood-Science-Fiction-Film, sondern ereignete sich im Tertiär im heutigen Nördlichen Oberpfälzer Wald.

Das war vor zwanzig bis fünfundzwanzig Millionen Jahren. Damals gab es in der Region regen Vulkanismus. Wenn man bedenkt, dass nach der Zeitskala der Wissenschaftler das Erdaltertum vor etwa fünfhundertsiebzig Millionen Jahren begann, ist das noch gar nicht so lange her. Die Zeit der großen Dinosaurier war bereits lange vorbei. Großsäugetiere bevölkerten die Erde. Menschen gab es noch nicht. Damals kollidierten die Kontinente Europa und Afrika und falteten im Süden die Alpen auf. In der Nordoberpfalz riss im Gegenzug dazu die Erde entzwei, und über tausend Grad heißes, flüssiges Magma drang in Spalten nach oben. Nehmen Sie die Einladung zum „Tanz auf dem Vulkan" an und wandeln Sie bei Exkursionen auf den Spuren dieser beeindruckenden Ereignisse der Erdneuzeit.

Keine Angst, von den Basaltkegeln im Naturpark geht keine Gefahr aus, derzeit zumindest nicht. Die „Feuerberge" im Nördlichen Oberpfälzer Wald sind bereits lange erloschen oder zumindest in Tiefschlaf gefallen und schlummern friedlich vor sich hin. Im Gegensatz zu Vulkanen wie dem Vesuv oder dem Ätna hat das flüssige Gestein meist nie die Erdoberfläche erreicht. Bereits beim Aufsteigen erkalteten die Basalte und blieben einige hundert Meter vor dem Austritt wie ein Korken im Flaschenhals im Schlot stecken. Wissenschaftler bezeichnen deshalb diese Kegel auch als Subvulkane, Vulkanstiele, -embryos oder -ruinen. Erst die Kräfte der Natur haben im Laufe der Jahrmillionen aus dem weichen Gestein die Basalthärtlinge herausmodelliert und eine faszinierende Kuppenlandschaft geschaffen.

Die markanten Anhöhen stehen geologisch in direkter Verbindung mit dem böhmischen Bäderdreieck mit Marienbad, Karlsbad und Franzensbad sowie dem Nordoberpfälzer Sibyllenbad. Die warmen Quellen, die Beschaffenheit des Heilwassers und austretende Gase weisen darauf hin, dass diese Region – von Fachleuten auch Eger-Graben genannt – noch nicht ganz zur Ruhe gekommen ist. Hochempfindliche Erdbebenmessgeräte registrieren täglich etwa tausend winzig kleine Erschütterungen, wie sie nur in Vulkangebieten vorkommen. Wissenschaftler vertreten deshalb die These, dass der Vulkanismus in der Region nur eine Pause eingelegt hat und in Jahrtausenden wieder aktiv werden könnte.

Nicht nur wegen der wunderschönen Aussichten lohnt sich also der Aufstieg auf schlafende Vulkane wie **Hoher Parkstein, Rauher Kulm** und **Kuschberg.** Faszinierende Basaltgarben, Tuffauswürfe und Blockschuttfelder sind Fenster in die Erdgeschichte. Am Wegesrand des südlichsten Vulkangebiets Bayerns begegnen dem Wanderer ungewöhnliche Tier- und Pflanzengesellschaften. Die dunklen Basalt- und Tufflandschaften heizen sich in der Sonne auf und wirken wie ein Wärmespeicher. Die Königskerze ist eine der Blumen, die das besonders mag. Bis zu zwei Meter hoch streben ihre gelben Blütenstängel im Sommer aus den filzigen Blattrosetten der Sonne entgegen. Schon zeitig im Frühjahr tanzen auf den bebuschten Hängen und laubholzreichen Waldrändern Zitronen- und Distelfalter von Blüte zu Blüte. Auch Schachbrett, Aurora- und Perlmuttfalter, Bläulinge, Schwalbenschwanz und Admiral gesellen sich später zu ihnen und gehen auf den Vulkanen auf Nektarsuche.

Prächtige Basaltgarben

Der schönste und bekannteste Basaltkegel im Bereich des Naturparks ist der **Hohe Parkstein.** Der Berg ist 2005 in die Liste der bedeutendsten Geotope der Bundesrepublik aufgenommen worden. Namhafte Dichter und Denker hat der 595 Meter hohe Berg, der im Ruf steht, der schönste Basaltkegel Europas zu sein, inspiriert. Wer vor der rund vierzig Meter hohen Steilwand steht, erkennt sofort warum. Fünf- bis achteckige Basaltsäulen sind zu einem ein-

zigartigen Naturdenkmal erstarrt. Die geheimnisvollen Garben sind das Ergebnis eines Schrumpfprozesses bei der Abkühlung des Vulkangesteins. An der Oberfläche entstanden, wie beim Austrocknen einer Lehmpfütze, Risse. Diese Schwundklüfte wurden immer tiefer und schufen die pommesähnlichen Strukturen.

Nach neuen Erkenntnissen ist der Parkstein keine Vulkanruine, sondern richtig ausgebrochen. Bei der Freilegung von alten Kellern, die in den Berg führen, fanden Wissenschaftler im Jahr 2006 unter der Erde Sand-, Granit- und Toneinschlüsse im harten Basalt, die sie sich nur durch aus dem Berg hervorquellende Lavaströme erklären können.

Die bekannte Wand wurde bei der Gewinnung von Basaltgestein freigelegt und gibt seitdem ihr atemberaubendes Innenleben preis. 1935 wurde der Abbau gestoppt und der Berg unter Naturschutz gestellt. Die stark besonnten, hervorspringenden Kanten und Klüfte sind jetzt ein Platz für Lebenskünstler. Weißer Mauerpfeffer, Färberhundskamille und Felsenfetthenne krallen sich in die Steinritzen. Die Schattenplätze bevorzugen Arten wie Mauerraute und Nordischer Streifenfarn. Am Fuße der Felswand gedeihen Pflanzen wie Natternkopf und Wermut. Eine Besonderheit aus der Tierwelt ist der Steinpicker, eine Schnecke, die sich auf basenhaltige Gesteine spezialisiert hat.

Einer der bekanntesten Vulkankegel des Naturparks ist der Parkstein. Hier sind auch gut die Garben, die bei der Abkühlung des Gesteins entstanden sind, zu sehen.

RINGWEGE ANGELEGT

Wer sich am **Parkstein** gar nicht satt sehen kann, für den gibt es ein gut ausgebautes Wanderwegenetz rund um den Basaltkegel. Auf fast siebzig Kilometern führen mehrere Ringwege von der Basaltwand auf idyllischen Straßen und Steigen um den Berg. Der Basaltkegel zeigt sich dabei im wahrsten Sinne des Wortes immer wieder von einer anderen Seite.

Die Anhöhe kann von drei Seiten bequem bestiegen werden. Früher thronte dort oben eine trutzige Burg. Nach einer Sage war Mitte des 10. Jahrhunderts ein Jagderlebnis der Grund für den Bau. Ein Graf soll bei der Wildschweinjagd in den Wäldern die Orientierung verloren haben. Auf dem Berg konnte er die Sau in die Enge treiben und erlegen. Dabei erkannte er die strategisch günstige Lage des Parksteins. Reste der Festung sind etwas unterhalb vom Gipfel noch erhalten. Prominentester Eigentümer war übrigens „Rotbart" Friedrich I. Barbarossa, der Parkstein 1188 aus strategischen Gründen erwarb.

Viele Jahre residierte auf der Burg der Landrichter, der den Besitz verwaltete und in wichtigen Streitfällen, darunter Raub und Mord, Recht sprach. Auch Todesurteile verhängten die achtundsechzig Parksteiner Landrichter. Von 1329 bis 1808 hatte der Ort die Hohe Halsgerichtsbarkeit. Die Richtstätte lag in der Nähe der Scharlmühle. Ein Bildstock mit einem Schutzengel sowie die Flurbezeichnungen „Galgenäcker" und „Galgenwiesen" erinnern an die vielen Urteile, die dort vollstreckt worden sind.

1774 war die „Köpfstätt" Schauplatz der letzten Hinrichtung. Das Urteil wurde an einer Kindesmörderin vollzogen.

Im Dreißigjährigen Krieg wurde die Burg lange von den Schweden belagert und beschossen. Nach einer Sage war eine List dafür verantwortlich, dass sie nicht einge-

Die Fetthenne ist einer der Spezialisten, die man auf dem Basaltgestein entdecken kann.

Der Steinpicker ist eine Schnecke, die sich auf extreme Lebensräume spezialisiert hat. Das gekielte Gehäuse ermöglicht es ihr, sich in Felsspalten zu verstecken.

Tipp: Pommes aus Stein und Vulkanmuseum

Wer sich für Vulkanismus interessiert, für den gehört ein Abstecher zum **Parkstein** zum Pflichtprogramm. Nirgendwo sonst kann man so schöne Basaltgarben, die bei der Abkühlung des Tiefengesteins entstanden sind, bewundern. Wenige Schritte westlich dieses eindrucksvollen Aufschlusses beginnt ein **Geopfad**, der in fünf Stationen unter Schlagworten wie „Wenn Magma stecken bleibt" und „Vom Grund des Ozeans zum Gebirge" die Erdgeschichte der Oberpfalz veranschaulicht. Der rund dreihundert Meter lange Weg führt direkt zu den Resten der Burg und zum Kircherl auf den Berg. Mit der Windklangskulptur „Basaltron" gibt es zudem ein ungewöhnliches Kunstwerk aus Edelstahl zu entdecken, das einströmenden Wind in Töne verwandelt.

Das Vulkanmuseum Parkstein.

Im Alten Landrichterschloss, fünf bis zehn Gehminuten von der Basaltwand entfernt, gibt es ein einzigartiges **Museum,** das sich mit dem Vulkanismus beschäftigt. Besonderer Clou ist ein nachgebauter Vulkan, der sich über mehrere Etagen erstreckt und auf Knopfdruck zum „Ausbruch" gebracht werden kann. Ein Geheimtipp sind die Geopark-Führungen durch den Marktflecken. Dabei besteht die Möglichkeit, durch einen Felsenkeller ein Stück in den Vulkankegel vorzudringen.

nommen werden konnte. Als Hunger und Durst oben nicht mehr auszuhalten waren, soll der Landrichter die verbliebenen Weizenkörner auf die Belagerer herabgefeuert und das letzte Schwein im Burghof unentwegt zum Quieken gebracht haben. In der Annahme, dass noch Essen in Hülle und Fülle vorhanden sei, rückten die Belagerer ab. Obwohl das Söldnerheer die Festung nicht einnehmen konnte, verfiel die aus Basaltgestein gemauerte Burg zusehends. Etwa achtzig Jahre nach Kriegsende rissen die Bürger sie ab. Für den Landrichter ließ man im Ort ein Schloss bauen, das mittlerweile ein Vulkanmuseum beherbergt.

Das mit dem Kulturpreis des Landkreises ausgezeichnete Basalttheater nutzt die Basaltwand und das Burggelände als einzigartige Kulisse für Freiluft-Theaterabende. Mit dem historischen Schauspiel „Parkstein, Pest und Pulverdampf" ließ man auch schon die Zeit, als von hier aus über hundertfünfzig Ortschaften und zweiundzwanzig Rittergüter verwaltet worden waren, aufleben.

1852 wurde auf dem Berg ein Kirchlein gebaut und den Vierzehn Nothelfern geweiht. Doch nicht nur wegen des Bergkirchleins lohnt sich der Aufstieg. Von oben hat der Besucher eine traumhafte Aussicht über das Weidener Becken in das Waldmeer des Naturparks. Für die Erkundung von Parkstein hat der Markt „Audioguides" angeschafft. Sie können im Gasthof „Parksteiner Hof" und bei der Kommune ausgeliehen werden. Übrigens: Auch in den Adern des großen Romantikers Richard Strauss (1864 bis 1949) pulsierte Parksteiner Blut. Sein Vater hatte 1822 hier das Licht der Welt erblickt. Eine kleine Gedenkstätte im Ort erinnert daran.

Rauher Kulm schon früh besiedelt

Eine besondere Faszination geht auch von den Kulmen aus. Seit Menschengedenken sind der 682 Meter hohe **Rauhe Kulm** und sein Bruder **Kleiner Kulm** wichtige Landmarken. Die Berge waren das Zentrum der slawischen Siedlungskammer „Flednitz". Uralte Gräberfelder aus dem 8. oder 9. Jahrhundert am Bühl bei **Mockersdorf** und auf dem **Barbaraberg** belegen, dass hier bereits früh Menschen gewohnt haben. Ein weiteres frühgeschichtliches Gräberfeld findet

man am Marterrangen bei **Eichelberg** zwischen **Pressath** und Parkstein am Rande des Haidenaabtals.

Schon in der Jungsteinzeit war auf dem Rauhen Kulm einige tausend Jahre vor Christus wohl eine Fliehburg angelegt. Viele Rätsel gibt ein bis zu zwölfeinhalb Meter breiter und teils noch zwei Meter hoher Ringwall auf, der vermutlich aus der Bronzezeit stammt. Leider ist beim Basaltabbau beziehungsweise beim Anlegen von Wanderwegen die Anlage teilweise zerstört worden.

Besonders beeindruckend ist die mächtige Blockhalde des Berges. Der Wechsel der Jahreszeiten hat dieses Naturdenkmal geschaffen. Wasser ist in den Wärmeperioden in die Ritzen der Basaltmasse eingedrungen und im Winter zu Eis erstarrt. Dabei wurden immer wieder Brocken abgesprengt. Sie rutschten den Berg hinab und sammelten sich an dieser Stelle. In der Halde herrscht ein ganz besonderes Kleinklima. Im Inneren gibt es, fast wie in einer Höhle, ziemlich konstante Temperaturen. Dies führt dazu, dass im Sommer unten kühle Luft austritt. Im Winter steigen im Gegenzug dazu im oberen Bereich warme Luftströme auf. Selbst frostempfindliche Arten, wie die Wald- oder Bergeidechse, können deshalb hier leben. Der Wanderer bekommt sie aber nur selten zu Gesicht, da sie Frühaufsteher sind und schon in den Morgenstunden auf dem Geröllfeld auf Jagd gehen. Die Halde ist auch ein Dorado für seltene Spinnen. Irgendwo lauert die Wolfsspinne, ein Eiszeitrelikt, auf Beute. In den Ritzen sind

Weithin sichtbar erhebt sich der Vulkankegel des Rauhen Kulms aus der Landschaft.

zudem Lauf- und Kurzflügelkäfer, wie der Blaue Bartläufer, unterwegs. Ungewöhnliche Wirbeltiere wie die Alpenspitzmaus haben ebenfalls ein Zuhause gefunden. Auch Farne, Moose und Krustenflechten besiedeln diesen unwirtlichen Lebensraum.

Auf der Kuppe gedeihen „Exoten" wie das Alpen-Widertonmoos, der Nordische Streifenfarn und der auch „Engelsüß" genannte Tüpfelfarn. In den Spalten und auf den Felsen macht sich die Weiße Fetthenne breit. Während das Pflänzlein selbst nur wenige Zentimeter hoch ist, streckt es die rötlich-weißen Blüten bis zu zehn Zentimeter der Sonne entgegen.

Vom Gipfel grüßt ein Turm ins Land. Hundertzehn Stufen führen auf die Plattform der fünfundzwanzig Meter hohen Stahlkonstruktion. Die Aussicht entlohnt für die Strapazen des Aufstiegs. Es sind nicht nur weitere Basaltkuppen wie Parkstein oder Waldecker Schlossberg auszumachen, am Horizont sind bei guter Fernsicht auch die Nachbar-Naturparke Steinwald, Fichtelgebirge, Fränkische Schweiz und Frankenwald zu sehen.

Im Mittelalter thronten auf beiden Kulm-Kuppen Burgen. Im Bundesländischen Krieg 1553/54 wurden die erstmals 1119 erwähnten Anlagen geschliffen. Damals kämpfte die Reichsstadt Nürnberg zusammen mit den Fürstbistümern Würzburg und Bamberg gegen den Markgrafen Albrecht. Die Nürnberger hungerten beide Burgen aus und zerstörten sie nach einjähriger Belagerung. Anfang des 19. Jahrhunderts wurde der erste Aussichtsturm auf der Anhöhe errichtet. Im Gästebuch des auch „Sonnenhaus" genannten Ausflugsziels taucht mit Amalie von Griechenland sogar der Name einer Königin auf.

Nach einer Sage sind die beiden Kulme ein verwunschener Riese und seine Gemahlin. Einmal im Jahr, wenn im Frühjahr dichte Ne-

**WANDERWEGENETZ
AUF DEM RAUHEN KULM**

Kein anderer Vulkan des Naturparks ist so gut mit Wanderwegen erschlossen wie der **Rauhe Kulm**. Neun verschiedene Steige lotsen auf den beziehungsweise um den Basaltkegel herum. Der kürzeste Weg ist der Kulmsteig. Er führt von der Kulmterrasse schnurstracks zum Turm auf dem Gipfel. Auf der etwa siebenhundert Meter langen Strecke durchquert man auch das imposante Blockschuttfeld des Basaltkegels. Wer mit dem Zug anreisen möchte, für den ist auch vom nahen Bahnhof Kemnath/Neustadt eine Trasse ausgeschildert. Vom Bahngleis aus sind es etwa zweieinhalb Kilometer auf den Gipfel. Wer sich für Archäologie interessiert, sollte den Berg über die Ringwege erwandern, die an den Resten der früheren Befestigungsanlage vorbeiführen.

Vom Aussichtsturm des Rauhen Kulm hat man eine traumhafte Aussicht ins Oberpfälzer Hügelland.

belschwaden an den Gipfeln hängen, sollen sie für ein paar Stunden wieder erwachen und Hochzeit feiern.

Prächtige Stadtkirche in Neustadt am Kulm

Lohnenswert ist zudem ein Besuch in der barock mit Fresken und Stuck ausgestalteten evangelischen Stadtkirche von **Neustadt am Kulm,** einer der schönsten protestantischen Sakralbauten Bayerns. Das Gotteshaus geht auf eine Gründung des katholischen Ordens der Karmeliter zurück. Nach der Überlieferung hielten die Klosterbrüder die Ähnlichkeit des Rauhen Kulms mit dem Berg Karmel, nach dem ihr Orden benannt ist, für einen Fingerzeig Gottes, sich hier niederzulassen. Auch ein Besuch in der Friedhofskirche der mit rund 1.400 Einwohnern kleinsten Stadt der Oberpfalz lohnt: Dort steht eine der ältesten Kirchenorgeln Deutschlands. Das Instrument ist 1736 bei Johann Georg und Wolff Purrucker aus Marktleuthen für die Stadtkirche in Auftrag gegeben worden. Die Bürger verstehen auch zu feiern. Neben dem Kulmfest im Juni ist die „Kirwa" im November ein Höhepunkt. Dann werden die Fehltritte der Bürger beim Tanz um den Kirchweihbaum gnadenlos ausgesungen.

Barocke Pracht in Speinshart zu bestaunen

Einen krassen Gegensatz zu den kantigen, dunklen Gesteinen aus der „Unterwelt" bildet die dem Himmel entgegen strebende Klosterkirche **Speinshart.** Das Ende des 17. Jahrhunderts unter Regie des berühmten Baumeisters Wolfgang Dientzenhofer (1648 bis 1706) errichtete Gotteshaus der Prämonstratenser ist einer der schönsten kirchlichen Barockbauten Süddeutschlands. Nach einer Sage geht das Gotteshaus auf ein Gelübde zurück: Drei adelige Reiterinnen sollen sich hier in den Sümpfen verirrt und in ein Moor geraten sein. In Todesangst versprachen sie, im Falle ihrer Rettung ein Kloster und eine der Gottesmutter geweihte Kirche zu bauen. Da hatten die Pferde wieder Boden unter den Füßen. Die Stifterinnen ließen drei Mal ein weißes Pferd laufen. Jedes Mal blieb das Tier dort stehen, wo jetzt das Kloster steht.

Prächtig ausgestaltet ist die Klosterkirche Speinshart.

Historisch bewiesen ist, dass die Gebäude auf eine fränkische Schenkung zurückgehen. Adelvolk von Speinshart aus dem Geschlechte der Reifenberg, dessen Frau Richinza sowie die Brüder Reginold und Eberhard stellten 1145 Besitzungen für den Bau bereit. Ein Gewölbe in der äußeren Vorhalle zeigt sie, wie sie die Kirche der Mutter Gottes widmen. Die ersten Chorherren kamen aus Wilten bei Innsbruck. Sie ließen die dreischiffige Basilika mit den drei Ostapsiden erbauen.

Viele Besucher können sich am prächtigen, verspielten Innenraum nicht satt sehen. Überall sitzen Engel; Wände, Decke, Altäre und Stuhlreihen sind mit prächtigem Blattwerk verziert. Wunderschöne Deckengemälde erzählen Geschichten aus dem Leben von Heiligen. Die barocke Neugestaltung mit Stuckaturen aus Sand und Kalk wurde im Jahr 1706 unter Abt Gottfried Blum eingeweiht. Die kunstvolle Dekoration ist das Werk von Carlo Domenico und Barto-

Tipp: Kulmterrasse

Ein Ausflug auf den Rauhen Kulm lässt sich gut mit einer Einkehr verbinden. Am Fuße des Vulkankegels lädt in Richtung Neustadt die **Kulmterrasse** zu einer Einkehr ein. Dort kann sich der Wanderer nicht nur mit Kaffee, Kuchen, Brotzeiten und Kaltgetränken sowie einer traumhaften Aussicht belohnen, sondern sich auch über die frühe Siedlungsgeschichte und die ungewöhnliche Geologie der Gegend informieren. Auf der Kulmterrasse gibt es nämlich

Die Kulmterrasse beherbergt auch eine Sammlung von Grabungsfunden.

auch eine kleine archäologische Ausstellung mit Grabungsfunden zu sehen. Die Exponate spannen einen Bogen von der Neuzeit bis zur Altsteinzeit. Zu sehen sind unter anderem Eisenteile, Schmuckstücke sowie Glas- und Steinkrugscherben. Das Gebäude beherbergt zudem ein Info-Zentrum, in dem der Geopark Bayern-Böhmen über den Vulkanismus informiert. Der Rauhe Kulm ist die bekannteste und wohl auch schönste Kuppe auf einem Vulkanfeld, das aus insgesamt etwa zwanzig Basaltkuppen besteht.

lomeo Lucchese, zwei Brüdern aus dem Schweizer Dorf Melide am Luganer See. Die Figuren auf dem Gesimse zeigen Motive wie die Verkündung Marias sowie die göttlichen Tugenden Glaube, Liebe und Hoffnung. Über der Orgel sind unter anderem die Kardinaltugenden Klugheit, Stärke, Gerechtigkeit und Mäßigung zu sehen.

Die Kirche ist Maria unter dem Titel „Unbefleckte Empfängnis" geweiht, wie auch am Hochaltar zu sehen ist. Die Deckengemälde im Chorraum zeigen Szenen aus dem Leben der Gottesmutter. In die kunstvoll geschnitzten Stuhlwangen sind die Leidenswerkzeuge Jesu sowie die vier Elemente Feuer, Wasser, Luft und Erde eingearbeitet. Gruppenführungen sind nach Voranmeldung im Kloster möglich. Die Gebäude sind in drei Abschnitten zwischen 1674 und 1734 erbaut worden. Das aus zwanzig Häusern bestehende alte Klosterdorf steht unter Ensembleschutz. Der nördliche Bereich davon geht auf die erste Hälfte des

Hufeisenförmig ist das Klosterdorf Speinshart an die Kirche angegliedert.

18. Jahrhunderts zurück und war einst der Wirtschaftstrakt des Konvents. Nach der Säkularisation 1803 unterteilte man die Anwesen in einzelne, zweigeschossige Wohnhäuser. Besonders beachten sollte man das 1747 erbaute nördliche Tor. Bis 1803 war dies die einzige Zufahrt zum Klosterdorf. Grabungen haben ergeben, dass die Anlage wirklich, wie in der Gründungssage behauptet, auf einer Felseninsel steht, die früher von einem Moorgebiet umgeben war. Unter der Klosteranlage wurden jedoch Reste einer Adelsburg entdeckt, mit deren Bau wenige Jahrzehnte vor der Stiftung begonnen worden war; aus irgendwelchen Gründen wurden die Bauarbeiten aber eingestellt.

Das Kloster Speinshart ist nach einer umfassenden Renovierung zu einer Internationalen Begegnungsstätte mit Kulturveranstaltungen, Workshops, Vorträgen und Symposien weiterentwickelt worden. Die stattliche Anlage sollte wieder das werden, was sie einmal war: ein religiöses und kulturelles Zentrum der Oberpfalz – mit einem zusätzlichen neuen Schwerpunkt: Speinshart ist als Begegnungs- und Wissenschaftszentrum für Künstliche Intelligenz (KI) im Gespräch. Vergangenheit und Zukunft sollen unter dem Dach des Klosters verschmelzen und den Geist beflügeln. Weitere Informationen unter www.kloster-speinshart.de

Wieder geöffnet ist seit einigen Jahren auch die zuletzt geschlossene Klostergaststätte direkt neben dem Gotteshaus. Sie nimmt nach einer umfassenden Renovierung wieder hungrige Gäste auf und bietet auch Übernachtungsmöglichkeiten an. Vor dem Gasthof gibt es im Sommer eine Außenbewirtschaftung, interessiert beäugt von der Familie Adebar, die 2022 einen Storchenhorst auf einem Kamin des Gasthofs erstmals bezogen hat.

Lohnenswert ist auch ein Abstecher auf den nahen **Barbaraberg,** dem früheren Sommersitz der Äbte. Dort stand einst eine prächtige Rokoko-Wall-

Der Eindruck täuscht. Von der einstigen Rokokokirche auf dem Barbaraberg steht nur mehr die Fassade.

fahrtskirche der Prämonstratenser. 1756 wurde das Gotteshaus, das auf eine Kapelle zurückging, eingeweiht. Bei der Säkularisation 1803 wurden die Kunstgegenstände der Kirche in alle Himmelsrichtungen verschleudert. Das Gotteshaus verfiel und wurde 1914 bei einem Blitzschlag endgültig zerstört. Geblieben ist nur die Westfassade. In ihrem rückwärtigen Bereich ist mittlerweile eine kleine Gnadenkapelle eingebaut. Alljährlich an Christi Himmelfahrt ist die Kirchenruine Kulisse einer Pferdewallfahrt. Nach einer Sage gab es in der Nähe eine Slawenstadt namens Mirga. Irgendwann soll sie, wie das geheimnisvolle Atlantis, auf seltsame Weise versunken sein. Unter den Legenden ist auch eine Erzählung, die besagt, dass die Stadt bei Vulkanausbrüchen unter der Asche des Rauhen Kulmes und des Parksteins verschwunden sei. Die Mauerreste sollen aber noch so dicht unter der Erdoberfläche liegen, dass ein Huhn beim Scharren ein goldenes Kreuz, das auf einem Turm befestigt war, finden könnte.

Für geologisch Interessierte lohnt sich ein Abstecher nach **Weha** bei Kastl. Dort gibt es mit dem **Kühhübel** einen weiteren Vulkanschlot. Der Basaltkegel ist beim Eisenbahnbau im 19. Jahrhundert zerstört worden. Die Bergleute gruben nicht nur die Kuppe ab, sondern arbeiteten sich im Tagebau auch tief in den Schlot vor. An einem Fronleichnamstag stürzte die Westwand ein und begrub Gleise, Loren, Werkzeuge, Berghütte und Sprengpulver im Krater unter sich. Vorsicht: Das Gelände ist nicht gesichert; im unmittelbaren Grubenbereich herrscht Lebensgefahr.

Sehenswert ist auch der uralte Bonifaziusstein auf dem Friedhof von **Kastl**, der aus dem 11. oder 12. Jahrhundert stammen soll. Während der Volksglaube in ihm einen Hinweis auf die Missionierung betrachtet, sehen Wissenschaftler darin einen Grabstein für eine herausragende Persönlichkeit. Berühmt ist Kastl zudem für eine ungewöhnliche Bauernschlacht: Am 26. August 1796 traten die

Einwohner des Ortes im Krieg mit Mistgabeln einem mit Schusswaffen ausgerüsteten Franzosenheer gegenüber. Es gelang den mutigen Oberpfälzern prompt, die Feinde in die Flucht zu schlagen und einen geplanten Überfall auf die Nachbarstadt Kemnath zu verhindern.

Östlich von Kastl gibt es mit dem Kastler Berg einen beliebten Aussichtspunkt, auf dem man unter einem Bergkreuz vor der Kulm-Kulisse wunderschön picknicken kann. Ein weiterer Punkt mit traumhafter Fernsicht ist in diesem Gebiet die Pichlberger Höhe in der Nachbargemeinde **Trabitz,** auf der Gläubige alljährlich Mitte September das Fest der Kreuzerhöhung feiern.

Wer sich für Vulkanismus und Burgen interessiert, sollte unbedingt auch dem Schlossberg bei **Waldeck** am Rande des Naturparks einen Besuch abstatten (mit Resten einer Burgruine sowie dem Essbaren Wildpflanzenpark EWILPA). Die Burg Waldeck war eine der ältesten der Oberpfalz und geht wahrscheinlich bis ins 10. Jahrhundert zurück. Erstmals urkundlich erwähnt ist sie 1124 als Besitz der mächtigen Landgrafen von Leuchtenberg. Im 15. Jahrhundert wurde sie zur Festung ausgebaut. Bis ins Jahr 1698 residierte dort oben der Landrichter des Amtes Waldeck-Kemnath. Den Wanderer erwartet eine traumhafte Aussicht. Neben der markanten Erhebung des Rauhen Kulms kann man im Süden mit dem Atzmannsberger Kuschberg und im Westen mit dem Anzenstein (593 Meter) zwei weitere Vulkankuppen sehen. Einen Besuch wert ist auch die 1730

BESUCH IM WURZELMUSEUM VON BERND DONHAUSER

Im Speinsharter Ortsteil **Tremmersdorf** gibt es eines der ungewöhnlichsten Museen der Oberpfalz zu bestaunen. Der gelernte Kunstglaser Bernd Donhauser präsentiert dort seine Wurzelsammlung „Brehms Tierleben". Rund neunhundert Exponate hat er bei unzähligen Ausflügen in Mooren und Sümpfen des Naturparks gefunden und in sein Museum gebracht. Die Hölzer sehen Tieren aus aller Welt verblüffend ähnlich: Bären, Reiher, Enten, Adler, Rehe, Störche und viele andere Tiere bevölkern diesen einzigartigen **Wurzelzoo.** Donhauser, ein Oberpfälzer Original, lehnt es ab, mit dem Schnitzmesser hier und da ein bisschen nachzuhelfen. Jedes Fundstück ist einer Laune der Natur entsprungen. Durch die Bewässerung der Hölzer setzte ein Prozess ein, der nicht nur Bernd Donhauser, sondern auch Wissenschaftler verblüfft. Im Museum verwandeln sich die zig tausend Jahre alten Hölzer im Laufe der Jahre in Oberpfälzer Bernstein. Das Museum ist nur nach telefonischer Vereinbarung geöffnet. Telefon 09645/1288. Freitag ist Ruhetag.

erbaute einstige Wallfahrtskirche Sankt Johannes Nepomuk im Ort. Das schlichte Äußere lässt nicht erahnen, welch prächtige Rokokoausstattung mit Laub-, Gitter- und Blattwerk den Besucher erwartet.

Der nahe **Kuschberg** ist ein Geheimtipp für Familien mit Kleinkindern, da selbst die Kleinen dort ziemlich sicher ihre Vulkan-Erstbesteigung schaffen. Der etwa drei Kilometer östlich von Kemnath gelegene **Anzenstein** hat aber auch den Großen viel zu bieten. Der Gipfel besteht nur aus verdichteten vulkanischen Tuffauswürfen. Zwischen Waldeck und Kemnath führt am Rand von Schönreuth von einer kleinen Nepomukkapelle ein Steig in etwa zwanzig Minuten zum Gipfelkreuz. Für die Strapazen des steilen Schlussabschnitts wird man mit einem wunderschönen Blick auf die frühere Kreisstadt **Kemnath** entschädigt, die sich malerisch vor der Silhouette des Rauhen Kulms ausbreitet.

Sehenswert sind dort unter anderem der Seeleitenpark, der mit Kunstfischen bestückte Phantastische Karpfenweg, die spätgotische Hallenkirche Mariä Himmelfahrt, das Museum in der alten Fronfeste mit einer interessanten Sammlung von Handfeuerwaffen sowie das Musikeum, eine private Sammlung alter Musikautomaten (leider nur jeden ersten Sonntag im Monat geöffnet). Seit 1983 führen die Bürger zudem alle fünf Jahre zur Karwoche Passionsspiele auf. Die Vorlage dazu wurde 1731 verfasst, vermutlich von einem Mönch des früheren Franziskanerklosters.

Ein Erlebnis sind Sonnenuntergänge auf dem Waldecker Schlossberg.

Der Name kommt nicht von ungefähr: Wälder prägen weite Teile des Nördlichen Oberpfälzer Waldes.

Wanderbare Wipfel-Welten

Natur kann ja so spannend sein. Wer Augen und Ohren offen hält, erlebt bei einer Wanderung oder einem Spaziergang durch die weiten Wälder des Nördlichen Oberpfälzer Waldes viele große und kleine Abenteuer. Stundenlang kann man auf gut erschlossenen Wegen oder schmalen Steigen wandern, ohne eine Menschenseele zu treffen. Allein ist der Wanderer oder Spaziergänger dabei nie. Surren und Summen in der Luft, Vogelgezwitscher in den Wipfeln und Rascheln im Unterholz verraten, dass auch viele andere Lebewesen unterwegs sind. Sie wohnen unter und über der Erde, sitzen regungslos auf Astgabeln oder gehen geschäftig in der Laub-, Moos-, Kraut- oder Strauchschicht ihrem Tagewerk nach.

Tiere und Pflanzen haben erstaunliche Fähigkeiten entwickelt, um in dem ständigen Konkurrenzkampf im Wald existieren zu können. Pflanzen locken mit Duftstoffen Ameisen an, die Samen wegschleppen und sie so verbreiten. Waldveilchen, Schneeglöckchen und Ehrenpreis werden zum Beispiel ausschließlich von Ameisen verbreitet, die Samen wegen nahrhafter Anhängsel mitnehmen. Andere Gewächse haben Klettfrüchte, die in Tierfellen hängen bleiben. Wieder andere, wie der prächtig gelb blühende Ginster, katapultieren selbst ihre Samen weg oder lassen Fruchtfleisch darumwachsen, damit sie von Vögeln und anderen Tieren begehrt werden.

Die Schneeheide ist ein Frühblüher und damit eine wichtige erste Nahrungsquelle für Bienen.

Wälder produzieren Unmengen von Sauerstoff, filtern tonnenweise Schmutz aus der Luft und sind unerschöpfliche Wasserspeicher. Die ausgedehnten Forste sind damit kräftig atmende Lungen der Region. Eine einzige ausgewachsene Buche produziert etwa siebentausend Liter Sauerstoff pro Tag. Das entspricht dem Tagesbedarf von fünfzig Menschen.

Rund vierzig Prozent des Naturparks sind Forstgebiete. Damit ist der Nördliche Oberpfälzer Wald ein wichtiger Stützbalken des „Grünen Dachs Europas". Wald ist übrigens nicht gleich Wald. Fachleute unterscheiden nach Baumbestand und Bewuchs vor allem fünf große Gruppen: Buchenwälder (wie in den Hochlagen des **Hessenreuther Waldes**), Bergmischwälder (wie sie im Grenzgebirge vorkommen), Eichenmischwälder (wie im **Röthenbachtal**), Auenwälder (wie im **Haidenaabtal**) sowie natürliche Nadelwälder (wie in weiten Bereichen des Hessenreuther und **Manteler Waldes**).

Das große Krabbeln im Naturpark

Jedes Tier und jede Pflanze hat einen wichtigen Platz in diesen komplizierten und geheimnisvollen Ökosystemen. So haben Wissenschaftler festgestellt, dass in Wäldern, in denen es kaum Ameisen gibt, zehnmal so viele Blätter von Insekten vertilgt werden wie in Gebieten mit vielen Populationen der kleinen Krabbler. Kein Wunder: In einem einzigen Ameisenhügel leben bis zu hunderttausend Tiere. Die Aufgaben in diesem Riesenstaat sind genau verteilt. Der Innendienst ist unter der Erde in Kammern für die Brutpflege und Fütterung der Larven zuständig, Arbeiterinnen bessern im Außendienst geschäftig das Nest aus, während die Jäger auf Beutefang ausschwärmen.

Ameisenbauten reichen oft bis zu zwei Meter tief in die Erde.

Der Große Pappelbock ernährt sich mit Vorliebe von den Blättern von Pappeln und Weiden.

An einem einzigen Tag schleppen Ameisen etwa tausend Blätter fressende Insekten in den Bau, der bis zu zwei Meter tief unter die Erde reichen kann. Ein Staat der Roten Waldameise vertilgt bis zu eine Million Insekten pro Jahr. Nachts verschließen die Tiere die Ein- und Ausgänge sorgfältig mit kleinen Zweigen. Jedes Volk hat auch Königinnen, die unter der Erde leben und ständig Eier legen, sowie Soldaten, welche die Kolonie vor Angreifern schützen. Die Tiere beißen bei Gefahr, bringen ihre Körper in Drohhaltung und verspritzen eine juckende Säure. Es empfiehlt sich also, den Winzlingen nicht zu nahe zu kommen. Ameisen sind enge Verwandte der Wespen und verständigen sich durch Duftstoffe sowie Berührungen mit den Fühlern.

Die Tierchen sind das Leibgericht der Spechte. Ein solcher Spitzschnabel verdrückt locker bis zu tausend Ameisen pro Tag. Unter anderem wegen der Spechte sind die Forstleute wieder davon abgekommen, die Ameisenbauten mit Drahtgeflechten zu sichern, da mit dem Schutz der Krabbler gleichzeitig der Bestand der Spechte abnahm. Mittlerweile werden Ameisenvölker sogar umgesiedelt, um sie zu retten.

Schmale Trampelpfade im Wald sind oft ein Indiz für einen nahen Dachsbau. Die Höhlenbewohner bekommt man allerdings selten zu Gesicht, da sie erst bei Anbruch der Dämmerung ihr Heim verlassen, um auf Feldern und Lichtungen nach Nahrung zu suchen. Dachse sind Allesfresser. Sie verzehren Wurzeln, Käfer, Beeren und Wühlmäuse. Ihr Leibgericht sind Regenwürmer. Bis zu zweihundert Stück kann Meister Grimbart in einer Nacht verdrücken. Die Bauten sind meist mehrere Meter tief und die Gänge bis zu dreißig Meter lang. Manchmal wohnen sogar drei Dachsfamilien in einem Bau in verzweigten Kammern und Gängen. Mit ungefähr sechs Wochen kommen die Jungen erstmals an die

Waldbewohner, die man immer wieder zu Gesicht bekommt, sind Eichhörnchen und Füchse.

Oberfläche. Dachse sind sehr reinliche Tiere. Sie legen nicht nur eigene Abortkammern unter der Erde an, sondern bringen sogar ihr Polstermaterial regelmäßig zum Lüften ins Freie!

In guter Nachbarschaft mit dem Dachs lebt der Fuchs, den man in der Dämmerung und nachts im Scheinwerferlicht relativ häufig zu Gesicht bekommt. Manchmal nutzen beide Tiere sogar den gleichen Bau, da Meister Reineke sich gerne vor dem Graben drückt. Der in fast ganz Europa verbreitete Rotfuchs ist übrigens nicht immer rotbraun. Die Tiere passen ihre Farbe der Umgebung an. Es gibt auch fast graue Exemplare. Das putzige Eichhörnchen ist ebenfalls solch ein Meister der Tarnung. Während die Nagetiere in Fichtenwäldern meistens schwarz sind, sind die Eichhörnchen in Laubwäldern rotbraun. So harmlos wie die Nüsse- und Eichelsammler aussehen, sind sie nicht. Wenn sich die Chance bietet, frisst das Eichhörnchen auch Eier und Jungvögel.

Im Nördlichen Oberpfälzer Wald gibt es so viel Rotwild wie kaum in einer anderen Region Deutschlands. Vor allem in den Weiten des Truppenübungsplatzes **Grafenwöhr** sind noch Hirschrudel mit zwanzig und mehr Tieren anzutreffen. Hunderte Hirsche werden jährlich geschossen, damit die Tiere nicht überhand nehmen. Die Männchen sind leicht an ihrem Geweih zu erkennen, das ihnen jedes Jahr im Frühjahr neu wächst. Es ist am Anfang noch von Bast überzogen, in dem Blutbahnen zur Versorgung des Geweihs verlaufen. Der Bast trocknet im Sommer aus und wird von den Tieren an Bäumen abgewetzt. Der nachwachsende Kopfschmuck wird von Jahr zu Jahr prächtiger und verrät auch etwas über die soziale Stellung eines Hirsches. Da der „König der Wälder" sehr scheu ist, bekommt man ihn im Gegensatz zu den kleineren Rehen, die allabendlich an vielen Waldrändern äsen, nur selten zu Gesicht.

Größer ist da schon die Wahrscheinlichkeit, in Gebieten mit alten Eichenbeständen den ebenfalls Geweih tragenden Hirschkäfer am Waldboden zu ent-

Der Naturerlebnispfad Bierlohe beginnt direkt am Ortsende von Grafenwöhr. Zu erreichen ist er über die Wolfgangssiedlung.

NATURERLEBNISPFAD BIERLOHE BEI GRAFENWÖHR

Eine mächtige Weidenkathedrale ist das Prunkstück des **Grafenwöhrer Walderlebnispfads Bierlohe.** Er ist über die Siedlung an der Bundesstraße in Richtung Pressath zu erreichen und beginnt an einer Fischerhütte neben den Bierlohweihern. In der etwa zwei Kilometer langen Erlebniswelt trifft der Naturfreund nicht nur auf allerlei Holzkunstwerke, sondern auch auf eine begehbare Spechthöhle sowie eine Wasserstation. Der Rundkurs ermöglicht Einblicke in den Wasserhaushalt und bringt sogar den Wald zum Klingen: ein Spaß für die ganze Familie. An Stationen wie dem „Wald der Einblicke", dem „Wald der Tiere" und dem „Wald der Klänge" werden Zusammenhänge sowie große und kleine Wunder der Natur aufgezeigt. Der Weg ist von der Bundesstraße aus ausgeschildert.

decken. Der größte Käfer Mitteleuropas kommt bevorzugt in Laubmischwäldern mit vielen toten Hölzern vor, da er seine Eier in verrottete Baumstümpfe legt. Es dauert acht Jahre, bis aus einem Ei ein Käfer wird. Das Geweih ist der verlängerte Oberkiefer, mit dem das Männchen im wahrsten Sinne des Wortes Rivalen in die Zange nehmen kann.

Die Wälder des Naturparks sind zudem ein wichtiger Lebensraum der Wildschweine, der Stammform unserer Hausschweine. Während alte Keiler meist Einzelgänger sind, ist der Rest der Familie sehr gesellig. Eine Bache kann bis zu zwölf Junge bekommen. Die Frischlinge mit ihrer braun-beigen Färbung sind die Lieblinge der Kinder in den Wildgehegen. Es gibt im Naturpark mehrere Einzäunungen, in denen man die Tiere aus nächster Nähe bestaunen kann. Eine liegt im Manteler Wald an der Kreisstraße von **Hütten** nach **Mantel.** Auch im Josephstal in der Nähe von **Grafenwöhr** und am Stückberg in **Eslarn** sind Schwarzkittel. Wildschweine lieben es, sich im Schlamm zu suhlen. Sie ernähren sich nicht nur von Wurzeln und Knollen, sondern verzehren auch schon einmal eine Maus und Aas, wenn sie ihnen vor die knorpelige, bewegliche, runde Rüsselscheibe kommen.

Wildschweine fühlen sich im Nördlichen Oberpfälzer Wald „sauwohl".
Sie finden in den Wäldern jede Menge Leckerbissen.

Tipp: Mit dem Floß unterwegs

Den Forschergeist von Jung und Alt weckt der von der Waldjugend betreute **Walderlebnispfad Holzweg** bei **Eschenbach i. d. OPf.** Unterwegs warten Holz-Dendrophon, Geisterwald, Klanghäuser, Barfußweg, Labyrinth, Rätsel-Wurzelstöcke, ein begehbares Vogelhaus und viele andere spannende Abenteuer auf die Besucher. Eine besondere Attraktion ist ein Floß, mit dem man über einen kleinen Waldsee übersetzen kann. Der etwa zwei Kilometer lange Lehrpfad ist über die Bundesstraße 470 zwischen Eschenbach i.

Ein Floß ist die Attraktion des Walderlebnispfads Holzweg.

d. OPf. und Pressath zu erreichen und in einen Lehrpfad und den Erlebnisweg „Holz" unterteilt. Wer Lust hat, kann noch einen kleinen Umweg zur benachbarten Creußenbrücke machen und den Weg damit auf rund drei Kilometer ausdehnen.

Im Oberpfälzer Hügelland ist in weiten Bereichen die Kiefer die bestimmende Baumart. Auf den nährstoffarmen und trockenen Sandböden hat der anspruchslose Baum einen klaren Standortvorteil. Zudem waren die Forste jahrhundertelang ganz auf schnellen Holzertrag ausgerichtet, damit sie genügend Brennstoff für die Hammerwerke liefern konnten. Heute sind die Monokulturen durch Windbruch und Schädlinge stark gefährdet. Es werden deshalb viele Laubbäume neu gepflanzt, um die anfälligen Bestände wieder in stabile Mischwälder zu verwandeln. Erfolge stellen sich bereits ein.

Der **Manteler Wald** und der **Altenstädter Wald** mit zusammen rund sechstausend Hektar Fläche sind einer der wichtigsten bayerischen Lebensräume des auch „Nachtschwalbe" genannten Ziegenmelkers. Lange glaubten die Leute, der merkwürdige Vogel wäre auf die Milch der Ziegen aus. Dabei sucht der geschickte Jäger wegen der vielen Insekten, die um die Tiere herumsurren, gern ihre Nähe. Mit weit aufgesperrtem Rachen sammelt der Ziegenmelker wie mit

Der Ziegenmelker ist ein Meister der Tarnung.

einem Kescher die Fliegen ein. Sein Federkleid ähnelt einem Stück Rinde. Daher ist der Vogel sitzend nur selten auszumachen. Dafür sind sein lautes, melodisches Schnurren, das wie „err-örr-err" klingt, und das laute Flügelklatschen schon aus großer Entfernung zu hören.

Auch die Rufe des Kuckucks hallen durch die Wälder. Er ist der einzige Brutparasit des Naturparks und legt einzeln seine Eier in die Nester anderer Singvögel. Sobald das Kuckucksjunge schlüpft, wirft es die kleineren Stiefgeschwister nacheinander aus dem Nest, um selbst genügend Platz und Futter zu haben.

Im ausgedehnten Manteler Wald wurde nach der Ausrottung im 20. Jahrhundert 2020 auch eines der ersten Wolfsrudel in Bayern nachgewiesen. Ein weiteres standorttreues Pärchen lebt schon seit 2016/17 im Truppenübungsplatzgelände **Grafenwöhr**. Ein Rudel besteht meist aus einem Pärchen sowie den Jungen der vergangenen zwei, drei Jahre. Obwohl große Teile des Naturparks mittlerweile Wolfsterritorium sind, ist die Gefahr, Meister Isegrim beim Spaziergang, Wandern oder Joggen zu begegnen, relativ gering. Wölfe sind sehr scheue und vorsichtige Tiere, die sich meist zurückziehen, wenn sie auf Menschen treffen. Kommt es trotzdem einmal zu einer Begegnung, sollte man sich

KINDERSTUBE DER „BUTZLKOUH"

Bei **Rupprechtsreuth** liegt die „Kinderstube" des **Naturpark-Maskottchens** „Butzlkouh". Zur Präsentation des nahen Naturerlebnispfads „Kiefer-Föhra-Vielfalt" wurde der kleine Zapfenzwerg ins Leben gerufen. Auf sechzehn Informationstafeln erzählt er auf dem etwa drei Kilometer langen Lehrpfad Wissenswertes zum komplexen Lebensraum Kiefernwald. Von dort hat sich der kleine Wichtel rasch verbreitet und ist nun auf allen offiziellen Naturerlebnispfaden präsent.

Reine Nadelbaumwälder werden auch im Naturpark immer seltener. Sie erinnern an die Zeit der Hammerwerke. Heute werden die Wälder zunehmend in Mischkulturen umgebaut.

bemerkbar machen, indem man redet, ruft oder in die Hände klatscht, und sich dann langsam und ruhig zurückziehen. Niemals schnell wegrennen oder dem Wolf hinterherlaufen. Besondere Vorsicht ist bei Wolfswelpen angesagt. Sie verhalten sich aus Neugier bisweilen weniger vorsichtig als erwachsene Tiere.

Auf dem Speiseplan der Graupelze stehen hauptsächlich Rehe, Wildschweine, Rotwild und andere Huftiere sowie kleine Säugetiere. Wölfe haben ein sehr gutes Gehör und einen ausgezeichneten Geruchssinn, mit dem sie aus bis zu zwei Kilometer Entfernung eine Witterung aufnehmen können. Die Paarung erfolgt meist im Spätwinter, von Februar bis März. Etwa zwei Monate später bringt die Wölfin ihre Jungen zur Welt, meist in einer versteckten Höhle. Eine geschlechtsreife Wölfin, auch „Fähe" genannt, hat in der Regel vier bis sieben Welpen, die nach etwa zehn Monaten ausgewachsen sind. Erst nach dem Erreichen der Geschlechtsreife, nach etwa 22 Monaten, oder noch später, verlassen Jungwölfe die Eltern und machen sich auf die Suche nach einem Partner oder einer Partnerin, um in einem freien Territorium ein eigenes Rudel zu gründen. Während dieser Zeit legen sie große Strecken von bis zu 80 Kilometern am Tag zurück. Da sie dabei auch zahlreiche Straßen überqueren, fallen während dieser Zeit viele Tiere dem Verkehr zum Opfer.

Es ist wahrscheinlich, dass die Forstgebiete auch Pate für den Ortsnamen **Mantel** waren. Der Name ist mit dem altdeutschen Begriff „Mantala" verwandt,

Auch der Wolf ist in den Naturpark zurückgekehrt. Die ersten Rudel haben sich im Truppenübungsplatz Grafenwöhr und im Manteler Wald angesiedelt.

einer alten Bezeichnung für die Kiefer. Eine Sage behauptet freilich, dass ein ausgebreiteter Mantel Grund für die Benennung war. Vor der Gründung des Ortes sollen sich dort Räuber, die in den weiten Wäldern ihr Unwesen trieben, getroffen haben, um auf dem ausgebreiteten Kleidungsstück ihre Beute zu teilen. Historisch belegt ist, dass mit Franz Troglauer im 18. Jahrhundert ein wirklich gefürchteter Bandit und Wegelagerer aus Mantel kam. Bis ins Fränkische hinein verbreitete er mit seinen über hundertfünfzig Kumpanen Angst und Schrecken. Die wohl dreisteste Tat des Räuberhauptmanns war der Diebstahl des Stabs des Bamberger Weihbischofs aus der bischöflichen Hauskapelle. Mit Wegelagerern wird auch eine seltsame, drei Meter tiefe Bodenmulde etwa dreihundert Meter südöstlich vom **Kellerhaus** in der Waldabteilung **Rothbühl** in Verbindung gebracht. Die „Räuberhöhle" ist so groß, dass sich darin eine ganze Bande verstecken konnte. Die seltsame Grube lag strategisch günstig im Lindach, in unmittelbarer Nähe der Eisenstraße, die von Nürnberg über Amberg und Weiden ins Böhmische führte und von vielen Kaufleuten befahren wurde. Von den Höhen dieses schönen Waldgebiets hat man vom Waldrand aus einen traumhaften Blick über das Haidenaabtal bis zum Rauhen Kulm.

Ein beliebtes Ziel zwischen dem Kellerhaus und Mantel ist die Schlosswirtschaft in **Rupprechtsreuth.** Das Schloss ist 1724 durch die Edlen von Junker umgebaut und renoviert worden. Ein Wappen über der Tür und ein Grabstein

Die Nutzung der Wasserkraft hat an Bedeutung verloren. Trotzdem erzeugen die Flüsse, wie hier in Steinfels, auch heute noch Strom.

auf dem Manteler Friedhof erinnern an das Geschlecht. Westlich ist eine Kapelle angegliedert, die der heiligen Barbara geweiht ist. Ganz in der Nähe in Richtung Kellerhaus gibt es im Wald bei der zweihundertfünfzig Jahre alten Weißenbacheiche die Reste eines alten Schlössls, eines wehrhaften Turmhügels aus dem 11. Jahrhundert.

Bei Rupprechtsreuth befindet sich mit dem Waldforum, zu dem ein Kinderspielplatz gehört, ein beliebter Ausgangspunkt für ausgedehnte Wanderungen. Lohnende Ziele sind das ehemalige Gut **Steinfels** im Haidenaabtal (hin und zurück knapp zwölf Kilometer), das Moorgebiet **Gscheibte Loh** mit Resten der ehemaligen Torfbahn (hin und zurück sechzehn Kilometer) sowie das Lokal „Kellerhaus". Es gibt beim Waldforum außerdem einen Wanderweg für Rollstuhlfahrer.

Der schmucke Marktflecken **Mantel** hat drei Gotteshäuser. Die Anfang des 16. Jahrhunderts errichtete evangelische Kirche ist das älteste Gebäude des Ortes. Kanzel, Grabtafeln und Seitenaltarbilder stammen noch aus einem Vorgängerbau. Die im Jahr 1734 erbaute Sankt-Moritz-Kirche sollen Benediktinermönche von Niederaltaich gegründet haben, um Heiden in der Region zu bekehren. Man nimmt an, dass die frühere Holzkirche die erste Taufstelle in der Gegend war. Auch der Flurname „Heiligenlohe" wird damit in Verbindung gebracht.

Die Moritzkirche soll von Benediktinern aus Niederaltaich gegründet worden sein.

Das zweite große Waldgebiet im Westen des Naturparks ist der **Hessenreuther Wald** mit etwa achttausend Hektar Fläche. Teile dieses Forstes, in dem auch die Schneeheide blüht, bestehen noch aus mittelgebirgstypischem Buchenmischwald. Aufgrund der großen Entfernung zu den Flüssen ist dieses Gebiet weitgehend vom Raubbau der Natur verschont geblieben und hat vor allem in den Hochlagen seine Ursprünglichkeit bewahrt. An Regentagen kann man in diesem beliebten Schwammerlgebiet den Feuersalamander entdecken, der dort noch recht zahlreich vorkommt. Zudem nimmt an schönen Sonnentagen auf Waldlichtungen und besonnten Böschungen gerne die Kreuzotter ein Sonnenbad. Nicht nur deshalb sollte man bei einem Waldspaziergang nie festes Schuhwerk und geschlossene Kleidung vergessen.

Tipp: Wald mit allen Sinnen erleben

Eine ideale Möglichkeit, mit Kindern den **Hessenreuther Wald** mit allen Sinnen zu erleben, bietet die **Walderlebniswelt Winterleite** bei Pressath. Der 2,7 Kilometer lange Rundkurs macht deutlich, dass der Wald nicht nur Holzlieferant, sondern Lebensraum vieler Tiere und Pflanzen ist. Barfußpfad, Baumhöhlen, Insektenhotel, Baumtelefon, Kriechtunnel, Klapptafeln, Kletterbaum, Zapfenwurfspiel, Tierweitsprung, Kletterbaum, Baumorgel, Waldroulett und viele andere Stationen bereiten Jung und Alt viel Vergnügen.

In der Walderlebniswelt Winterleite bei Pressath werden Familien spielerisch an das Leben im Wald herangeführt.

Unterwegs trifft man auch auf die knorrige Teufelsfichte. Lassen Sie sich überraschen, was es mit den ungewöhnlichen Verwachsungen dieses Baumes auf sich hat. Die Erlebniswelt ist kinderwagentauglich und vor allem für Jungs und Mädchen im Vorschulalter konzipiert.

Schloss Weihersberg

Am Rande des Hessenreuther Waldes liegt, wenige Kilometer von Pressath entfernt, das Schloss **Weihersberg,** das nach einer umfassenden Sanierung in den Originalfarben des 17. Jahrhunderts von einer Anhöhe grüßt. Das Gebäude ist seit 1996 wieder im Besitz derer von Hirschberg, die das stolze Anwesen schon von 1635 bis 1961 besessen hatten. Da ein Nachkomme das Schloss bewohnt, kann es nur von außen besichtigt werden.

Zum Schloss gehört auch eine ungewöhnliche Kapelle. Sie steht am Beginn einer Allee aus stämmigen Eichen. Bernhard Freiherr von Hirschberg, ein großer Naturliebhaber, pflanzte die Bäume im Jahr 1888, um die Auffahrt zu verschönern. Von einst zweihundert Eichen sind noch knapp neunzig Bäume erhalten. Sie stehen unter Schutz. Eichenalleen sind mittlerweile sehr selten und bieten Käfern und anderen Kleinlebewesen einen wichtigen Lebensraum. Zur Zeit der Pflanzung der Allee wurde auch der Schlosshang mit Obstbäumen bestückt.

Die helle Fassade des Weihersberger Schlosses grüßt weit ins Land. Leider kann das Schloss nicht besichtigt werden.

Am Fuße des Anwesens befindet sich der Schlossweiher.

Vor einigen Jahren sind fast fünf Dutzend alte Sorten wie Gravensteiner oder Danziger Kantapfel, Gellerts Butterbirne, Große Knorpelkirsche und Hauszwetschge nachgepflanzt worden, um wieder das historische Ambiente zu schaffen.

Die Säulen, die um 1900 in die steil abfallende Sandsteinwand, auf der das Schloss thront, gehauen worden sind, muten ebenso seltsam an wie einige Erzählungen des derzeitigen Schlossherrn Lutz Freiherr von Hirschberg. Beim ersten Schlossrundgang als rechtmäßiger Besitzer hat sich nach seinen Angaben von einem Ölgemälde aus dem 15. Jahrhundert ein nachträglich aufgeklebter Leinwandkopf abgelöst. Darunter kam das richtige Antlitz von Ahnherr Wolf Adam von Hirschberg zum Vorschein. Er lebte von 1614 bis 1694, hatte viele Kinder und war weit und breit als Duellant und Quertreiber gefürchtet. Viele Weihersberger glaubten gar, dass er mit dem Teufel im Bunde sei.

Tipp: Im Schatten des Schlosses

Rund um das 1468 errichtete imposante **Schloss Weihersberg** hat die Gemeinde Trabitz einen wunderschönen **Kulturpfad** angelegt. Der knapp zwei Kilometer lange Rundweg um das Denkmal gewährt ungemein interessante Einblicke in den Wandel der Landschaft und die Geschichte dieses wunderschönen Fleckchens Erde. Stationen sind ein alter Sandsteinbruch, Felsenkeller, eine Hohlgasse, der Ringelbrunnen, der Dorfbackofen und der Pulverturm des Schlosses. Der Rundkurs beginnt an der ungewöhnlich konzipierten Schlosskapelle Franz von Paula an der Zufahrt zum Dorf. Freiherr Veit Christoph von Hirschberg ließ sie als Rundbau 1752 errichten. Der quadratische Vorbau wurde erst etwa zwanzig Jahre später angegliedert. In der Kapelle, die ein viersäuliger Rokokoaltar ziert, ist auch die Familiengruft des Geschlechts.

Einen ungewöhnlichen Grundriss hat die Schlosskapelle.

Weiße Frau erscheint in finstren Nächten

Auch rund um das Schloss Weihersberg soll es spuken. In finstren Nächten soll von Zeit zu Zeit eine jammernde weiße Frau zu sehen sein: angeblich die verblichene Maria Anna von Hirschberg, die 1833 auf dem Schleifberg zwischen Zessau und Grünberg mit ihrer Pferdekutsche tödlich verunglückt ist.

Das dreigeschossige Schloss ist im Kern noch mittelalterlich. Der älteste Teil des Gebäudes befindet sich östlich des großen Treppenturms und stammt vermutlich aus der Zeit um 1450. Dort befindet sich auch die rechteckig gemauerte Wasserzisterne, die einst bis zur Weihersohle hinabreichte, ehe sie teilweise verschüttet wurde. Auch ein Verlies hat das Schloss. Vom ersten Stock führt eine Geheimtür über eine Wendeltreppe in den Gefängnisraum.

Malerisch liegt die Stadt Pressath an der Haidenaab. Hier spiegelt sich der Turm der Pfarrkirche St. Georg im Wasser.

Lust auf eine Partie „Stadt, Land, Fluss?"

In kaum einem anderen Lebensraum ist der Wechsel der Jahreszeiten so spannend wie in den Flussauen. Kalte Wintertage zaubern bizarre Schnee- und Eisgebilde an die Halme und Zweige. Zeisige, Meisen, Finken und viele andere Vögel fallen in Schwärmen ein, da der Tisch mit Samen, Beeren und Früchten an den Bäumen und Sträuchern noch immer reich gedeckt ist. Die Schneeschmelze macht einige Wochen später aus Rinnsalen reißende Bäche und Flüsse, die wiederum Wiesen in flache Seenlandschaften verwandeln. Zur Zeit der Vogelzüge tummeln sich Tausende gefiederte Freunde in den Lachen, in denen sie reichlich Nahrung finden, um Kraft für den weiteren Flug zu tanken.

Wenn die Nächte kürzer und die Tage wärmer werden, sorgen prächtige Blütenbecher, -sterne und -kelche für bunte Farbtupfer. Sie locken wunderschöne Schmetterlinge an, die daraus süßen Nektar schlürfen. Die schlanken Glitzerstäbe exotisch anmutender Libellen gleiten über die Flüsse. Wenn die Kraft der Sonne wieder nachlässt, ziehen Nebelschwaden durch die Auen. Dies ist ein Zeichen, dass bald alles wieder von vorn beginnt.

Das Waldnaabtal im Herbstnebel.

Jeder Monat hat seine besonderen Reize. Lassen Sie sich wie der berühmte italienische Komponist Antonio Vivaldi von Frühjahr, Sommer, Herbst und Winter verzaubern. Wer mit offenen Augen und Ohren marschiert, wird staunen. Die vier Jahreszeiten sind im Nördlichen Oberpfälzer Wald nicht nur ein Hörgenuss, sondern ein faszinierendes Erlebnis für alle Sinne.

Entlang der naturbelassenen Auen von Flüssen wie **Haidenaab, Waldnaab, Pfreimd** und **Creußen** gibt es traumhafte Landschaften sowie schmucke Städte und Dörfer zu entdecken. Egal ob zu Fuß, mit dem Fahrrad oder mit dem Auto:

Lust auf eine Partie „Stadt, Land, Fluss?"

Eine Erkundungstour ist stets aufs Neue ein Erlebnis, zumal die meisten Auen gut erschlossen sind. Da ist zum Beispiel am Zusammenfluss von Waldnaab und Haidenaab der wunderschöne barocke Marktplatz von Luhe mit Pranger, Hussitenturm, der prachtvollen Pfarrkirche Sankt Martin und der Kirche Sankt Nikolaus auf dem Koppelberg, auf dem früher ein Einsiedler hauste.

Auf dem Gebiet der Gemeinde **Luhe-Wildenau** liegt auch der einzige Golfplatz im Nördlichen Oberpfälzer Wald. Die Achtzehn-Loch-Anlage „Schwanhof" mit Clubhaus und Restaurant genügt internationalen Ansprüchen und ist bereits mehrfach ausgezeichnet worden. Selbst Promis lochen hier gerne ein.

Weiter flussaufwärts stehen an Haidenaab und Creußen viele sehenswerte große und kleine Gotteshäuser wie die gotische Fliehkirche auf dem Nikolausberg in **Etzenricht,** die Friedhofskirche Sankt Stephanus und die Pfarrkirche Sankt Georg in **Pressath,** Sankt Lucia in **Schlammersdorf** oder Sankt Johannes in **Oberbibrach.** An der Waldnaab liegen die geschichtsträchtige Altstadt von **Weiden i. d. OPf.,** die einstige Glasstadt **Neustadt a. d. Waldnaab** (mit sehenswerter Kristallabteilung im Stadtmuseum) sowie die frühere Glas- und Porzellanstadt **Windischeschenbach.** Außerdem warten jede Menge kleiner Land- und Wasserschlösser darauf,

ZOIGLFORUM UND FELSENKELLER

Auf dem Koppelberg bei **Luhe** gab es einst zwölf Felsenkeller, in denen die Bürger Lebensmittel aufbewahrt hatten. Im Winter gebrochenes Eis aus dem Fluss sorgte dafür, dass es auch im Sommer dort recht kalt war. Unter den eingelagerten Lebensmitteln war unter anderem Bier, für das die Brauberechtigten im Kommunbrauhaus in Luhe die Würze gekocht und gehopft hatten. 1945 endete mit dem Verkauf des gemeinschaftlich genutzten Brauhauses diese Tradition. Drei Keller hat die Gemeinde vor einigen Jahren vor dem Verfall bewahrt, hergerichtet und für besondere Veranstaltungen wieder nutzbar gemacht. Im Zuge dieser Maßnahmen wurde auch ein Platz angelegt, auf dem gefeiert oder gerastet werden kann. In Anlehnung an das dort früher gelagerte Kommunbier hat die Gemeinde den Platz „Zoiglforum" getauft.

Die Felsenkeller am Koppelberg erinnern auch an die einstige Kommunbrautradition in der Gemeinde Luhe-Wildenau.

Die Naab mit ihren Zuflüssen Waldnaab, Haidenaab und Fichtelnaab ist das wichtigste Fließgewässer des Naturparks. Die Einheimischen nennen alle Flüsse nur „Noo".

von Ihnen entdeckt zu werden. Sie müssen die Einladung zu einer etwas anderen Partie des alten Kinderspiels „Stadt, Land, Fluss" nur annehmen.

Die Naab, ein uralter Fluss

Die **Waldnaab** entspringt am Kreuzbrunnen nahe der böhmischen Grenze. Als Lesni Nába macht sie kurze Zeit später einen etwa einen Kilometer langen Abstecher nach Tschechien. Bei Windischeschenbach vereint sie sich mit der **Fichtelnaab,** die nahe des idyllisch gelegenen Fichtelsees im Fichtelgebirge entspringt. An der Südwestseite dieses Massivs liegt auch unterhalb der achthundertdreißig Meter hohen „Platte" die Quelle des dritten Zuflusses, der **Haidenaab,** die sich bei Luhe-Wildenau mit der Waldnaab vereint: der Geburtsort der Naab. Dieser Ur-Fluss ist bereits vor rund sechsunddreißig Millionen Jahren entstanden und damit wesentlich älter als die Donau, die in ihrer Urform „erst" vor etwa neun Millionen Jahren zu fließen begann.

Die Naab mit ihren zahlreichen Nebenflüssen ist die wichtigste Wasserader der nördlichen Oberpfalz. Es ist deshalb kein Wunder, dass nach dem Vorbild „Altmühltal" vor vielen Jahren laut darüber nachgedacht worden ist, den Naturpark nach dem Fluss zu benennen. Die Naab ist zudem ein wichtiger Teil der europäischen Hauptwasserscheide. Während die Reise dieses Flusses über die Donau irgendwann im Schwarzen Meer endet, entwässert das Moldau-Elbe-System den Osten und Norden des Naturparks in die Nordsee. Im Westen liegen die Quellflüsse des Mains, die dem Rhein zustreben. Lassen Sie sich nicht verwirren: Im Volksmund werden die Naab und ihre Zuflüsse ebenso liebevoll wie respektvoll nur „d´Noo" genannt.

Um die Flüsse ranken sich viele alte Sagen. So soll bei Luhe eine versunkene Burg unter der Wasseroberfläche darauf warten, wieder entdeckt zu werden. In der Waldnaab bei Neustadt lebt nach alten Überlieferungen die „Merfral", eine lieblich singende Wasserfrau. Wer ihrem bezaubernden Gesang folgt, ist für immer verloren. Er wird auf Nimmerwiedersehen in die Tiefe gezogen.

Haidenaab – Geheimtipp für Naturfreunde

Die **Haidenaab** schlängelt sich in weiten Bereichen so wie vor Jahrhunderten durch die Nordoberpfalz und ist ein absoluter Geheimtipp für Naturfreunde. Uferbegleitende Gehölze wechseln sich mit breiten Sandbänken, intensiv bewirtschaftete Felder mit artenreichen Streuwiesen ab. Die verschlungenen

PACK DIE BADEHOSE EIN

Bei der Erkundung des **Haidenaabtales** lohnt es sich, an heißen Sommertagen Badesachen, Luftmatratzen und vielleicht sogar ein Schlauchboot einzupacken. Denn dort gibt es wunderschöne „Sandstrände", die an südliche Gefilde erinnern und an denen Baden kostenlos erlaubt ist, darunter die Freizeitanlagen bei **Mantel, Weiherhammer** und **Pressath**. Letztere nennen die Bürger wegen ihrer Entstehungsgeschichte liebevoll „Kiesi-Beach". Dort gibt es neuerdings Nichtschwimmerbereich, Holzbogenbrücke, Liegewiese, Wasserspielplatz, Feuerstellen, Kiosk, Tischtennisplatte und Beachvolleyballfeld.

Entlang vieler Flüsse sind im Nördlichen Oberpfälzer Wald Radwege angelegt.

Mäander haben ein anmutiges Tal von bezaubernder Schönheit geschaffen, das unzählige vom Aussterben bedrohte Arten beherbergt. Der Fluss ist zusammen mit der **Creußen** zudem Teil einer wichtigen Wanderachse für Zugvögel von der Nordsee zum Schwarzen Meer.

Die Gemeinde **Schlammersdorf** ist vor allem für süffiges Bier bekannt. In der Brauerei Püttner können durstige Wanderer die Entstehung des Gerstensaftes bei einer zünftigen Brotzeit live bestaunen, da sie von der Bräustube das Sudhaus einsehen können. Gruppenführungen durch das Brauhaus sind möglich. Und wer schon einmal im Ort ist, sollte auch einen Blick in die katholische Pfarrkirche werfen, die mit der heiligen Lucia eine für die Region ungewöhnliche Patronin hat.

Doch zurück ins Haidenaabtal. Rund hundertdreißig Vogelarten sind bei Kartierungen dort nachgewiesen worden; fast hundert brüten in der Aue, darunter die selten gewordenen Blau- und Braunkehlchen, Sumpfrohrsänger, Meisen, Gelbspötter, Neuntöter, Grasmücke, Wiesenpieper, Kiebitz, Bekassine, Feldschwirl, Waldlaubsänger, Fitis, Bach- und Gebirgsstelze, Eisvogel, Wendehals, Zwergtaucher, Teichhuhn, Wasserralle, Wachtel, Grün- und Grauspecht sowie Flussuferläufer. Auch der Pirol fühlt sich im dichten Blätterdach rundum wohl. Mit seinem grellgelben Federkleid, das der Wanderer freilich selten zu Gesicht bekommt, wirkt er wie ein Exot in der Nordoberpfalz.

Auch „Sandstrände" gibt es im Naturpark.
Sie sind ein Relikt des Kiesabbaus.

Leichter sind die vielen Schmetterlinge zu sehen, darunter der Wiesenknopf-Ameisen-Bläuling, der wegen seines anspruchsvollen Lebenswandels rar geworden ist. Der Falter legt die Eier in die Blüten des Großen Wiesenknopfs. Die Raupe sucht später die Bauten der ebenfalls gefährdeten Wiesenameise auf, um sich dort durchfüttern zu lassen.

Im Wasser lebt das vom Aussterben bedrohte Bachneunauge. Die Tiere haben auf ihrem aalartigen Körper je eine unpaarige Nasenöffnung sowie sieben in einer Längsreihe sitzende Kiefernöffnungen, die früher fälschlicherweise ebenfalls für Augen gehalten worden waren – daher der Name. Neunaugen sind übrigens keine Fische, da sie ein knorpeliges Skelett haben. Das rundliche Saugmaul ist mit spitzen Hornzähnen ausgestattet, mit denen sich die Parasiten an ihren Beutetieren festbeißen.

Das Haidenaabtal ist auch ein Reich der Biber. Hundert Jahre nach dem Aussterben sind die Burgenbauer zurückgekehrt. Wer mit offenen Augen wandert, stößt auf Schritt und Tritt auf die Spuren von Meister Bockert.

Pflanzenfreunde kommen ebenfalls voll auf ihre Kosten. Im Frühjahr überzieht das Wiesenschaumkraut große Flächen mit zarten, hellvioletten Blütenschleiern. Die Sumpfdotterblumen recken aus feuchten Mulden ihre gelben Blütenköpfe der Sonne entgegen. In Flachmooren und Feuchtwiesen setzt das Knabenkraut, eine seltene Orchideenart, rötlich-violette Farbtupfer. In den hei-

Am See in Dießfurt fühlen sich Tiere, Pflanzen und Menschen wohl.

GROSSER FREIZEITSEE

Zwischen **Grafenwöhr** und **Schwarzenbach** ist im **Josephstal bei Dießfurt** beim Kiesabbau ein großer **Freizeitsee** entstanden. Das in mehrere Bereiche unterteilte Gewässer ist etwa neunzig Hektar groß. Während im „Nordsee" Tiere und Pflanzen zu ihrem Recht kommen, sind Mittel- und „Südsee" für die Menschen reserviert. Obwohl immer noch an der Planung gearbeitet wird, lockt der Sandstrand schon jetzt viele Badegäste, Surfer und Bootsfahrer an.

ßen Sommermonaten ziehen Sumpfvergissmeinnicht, Kuckuckslichtnelken und Hahnenfuß-Gewächse die Blicke auf sich. Wollgräser machen zur Blütezeit Wiesen zu verträumten Wattelandschaften. An den Ufersäumen stößt man zudem auf die Himmelsleiter, ein Relikt der letzten Eiszeit.

Durchaus möglich, dass Sie bei einer Exkursion auf die seltsame Abkürzung „TuWOHL" stoßen. Sie steht für „Tal- und Weiherlandschaften im Oberpfälzer Hügelland". Dahinter steckt eine mit Naturparkmitteln geförderte Arbeitsgemeinschaft der Städte und Gemeinden **Eschenbach, Grafenwöhr, Pressath, Schlammersdorf, Schwarzenbach, Speinshart, Trabitz** und **Vorbach,** die sich dem Erhalt dieser Naturparadiese verschrieben hat. Ein guter Ausgangspunkt für die Erkundung des Haidenaabtals ist die Kahrmühle bei Pressath: ein früherer Landgasthof.

Einst blühende Industrieregion

Die Auen waren vor vielen hundert Jahren eine blühende Industrieregion. Wie Perlen an einer Schnur reihte sich an der Haidenaab Hammerwerk an Hammerwerk. Die Kraft des Wassers brachte den Besitzern großen Wohlstand. Die bezaubernden Land- und Wasserschlösser sind ein Ausdruck davon. Nahe Eisenerzvorkommen sowie Holz- und Wasserreichtum boten ideale Produktions- und

Vergangenheit und Zukunft gehen am Beckenweiher bei Weiherhammer eine faszinierende Verbindung ein. Das futuristische Gebäude der BHS Corrugated Maschinen- und Anlagenbau steht an einem der ältesten Naturschutzgebiete des Naturparks.

Bearbeitungsbedingungen. Wie Pilze schossen die Betriebe aus dem Boden. Im 14. und 15. Jahrhundert gab es in der Oberpfalz zweihundertzwanzig Hammerwerke. Sie stellten Hellebarden, Lanzen und viele andere Dinge her. Die Region war eine international bedeutende Eisenschmiede, das „Ruhrgebiet des Mittelalters". Zahlreiche Herrschaftssitze entlang des Flusses, Reste von Kohlemeilern und auf schnellen Holzertrag ausgerichtete Wälder sind Relikte aus jener Zeit.

Schienhämmer, die verhüttenden Betriebe, erzeugten schmiedbare Eisenstangen. Blech-, Draht-, Zain- und Waffenhämmer verarbeiteten diese Halbfertigprodukte weiter. Leider können die Hammerhäuser nur von außen besichtigt werden, da sie noch bewohnt sind. Vom großen Glanz ist ohnehin kaum noch etwas vorhanden, da sich die meisten Werke von den Wirren des Dreißigjährigen Krieges nie mehr erholt haben. Geblieben sind jedoch zahlreiche Ortsnamen wie Feilershammer, Zainhammer, Zintlhammer, Troschelhammer, Waffenhammer, Sperlhammer, Altenhammer und Neuenhammer.

Viele kleine Wasserschlösser

Das erste Herrenhaus ganz im Norden des Naturparks ist die hufeisenförmige Weiherhausanlage **Kaibitz,** zu der eine urige Schlossschänke gehört. Das frühere Lehen der Leuchtenberger ist eine barockisierte Anlage. Der Haupttrakt ist dreigeschossig, die beiden Seitenflügel sind zwei Stockwerke hoch. Diese Eisenschmiede ist bereits bei der Gründung der Oberpfälzer Hammervereinigung im Jahr 1387 genannt. In seiner bewegten Vergangenheit war das Schloss später auch eine Rohrmühle zur Produktion von Gewehrläufen, eine Papiermühle sowie ein Glasschleif- und Polierwerk. In das Schlösschen soll sogar eine widerspenstige Wittelsbacher Prinzessin zwangsverheiratet worden sein. Auch der berühmte Dramatiker Gerhardt Hauptmann hat sich mehrfach dort aufgehalten. Im Zweiten Weltkrieg wurde zudem das Archiv des berühmten Dichters nach Kaibitz ausgelagert, um es vor der Zerstörung zu retten.

Gar nicht weit davon entfernt stehen zwei weitere Herrenhäuser: Das Schloss in **Wolframshof** ist ein dreigeschossiger, neubarocker Bau aus dem Jahr 1899 mit Halbwalmdach und Rundtürmen. Im Kern stammt es aus dem 16. oder 17. Jahrhundert. Zum Anwesen gehören eine alte Mühle mit Fachwerkgiebel sowie ein Friedhof mit einer um 1910 erbauten, quadratischen Sandsteinkapelle. Am Haus Nummer 24 sind noch Wappensteine vom alten Schloss, zwei hochmittelalterliche Scheibenkreuze aus der alten Kapelle sowie eine Gartenmauer mit Portal zum ehemaligen herrschaftlichen Obstgarten erhalten. Das dreigeschos-

Die Flüsse und Bäche des Naturparks haben einst viele Mühlen, wie die bei Wolframshof, angetrieben.

An Weg- und Ackerrändern und in der Nähe von Flüssen ist oft die Filz-Klette anzutreffen.

sige Denkmal in Unterbruck wurde in den 1960er Jahren vorbildlich renoviert und präsentiert sich mit seinen hübschen Fensterläden und einem Erker nun wieder in einem malerischen Zustand.

In **Troschelhammer** steht ein zweigeschossiges Renaissance-Schlösschen, das um 1600, kurz bevor der Produktionszweig in die Krise geriet, entstanden ist.

Auf eines der schönsten Hammerherrenhäuser der gesamten Oberpfalz trifft man im etwa dreihundert Einwohner zählenden Dörfchen **Dießfurt** bei Pressath. Das schmucke, noch immer von Wasser umspülte Anwesen ist in zwei Bauphasen entstanden: Der quadratische, turmförmige dreigeschossige Teil stammt aus dem Jahr 1526; der etwas zurückgesetzte zweite Trakt ist barock. Der kleine in die Hofmauer integrierte Rundbau war früher eine Kapelle. Erstmals urkundlich erwähnt ist der Hammer 1387. Unter dem Nürnberger Patriziergeschlecht Kreß von Kreßenstein hatte das Anwesen im 15. und 16. Jahrhundert seine größte Blüte. An der Pfarrkirche in Pressath sind noch Grabsteine des Geschlechts erhalten. Das nur sporadisch geöffnete Heimatmuseum des Ortes beherbergt

Eines der schönsten Hammerherrenhäuser der gesamten Oberpfalz steht in Dießfurt bei Pressath.

neben vielen Exponaten aus der Stadtgeschichte auch ein Messbuch aus dem 17. Jahrhundert aus der Hauskapelle des Hammerschlosses.

Eine imposante Anlage, die allerdings immer mehr dem Verfall preisgegeben wird, war das **Steinfelser** Hammerschloss zwischen Hütten und Mantel. Der Herrensitz, zu dem auch ein Kirchlein gehört, ist unter Einbezug mittelalterlicher Mauerreste im 17. Jahrhundert errichtet worden. Die Kapelle stammt aus dem Jahr 1707 und ist dem Titel „Mariä Himmelfahrt" gewidmet. Zum Patrozinium am 15. August pilgern viele Gläubige dorthin, um den „Steinfelser Ablass" zu gewinnen.

In **Grafenwöhr** findet man übrigens eine botanische Besonderheit des Naturparks. Dort wächst an einigen Standorten die Sandgrasnelke, die mittlerweile hauptsächlich an den Salzwiesen der Meeresküsten daheim ist. Sie gehört aber auch zu den Ureinwohnern Bayerns. Gemeinsam mit der Stadt Grafenwöhr will der Naturpark weitere Sandmagerrasen-Standorte für die schöne Blume schaffen, damit sie im Nördlichen Oberpfälzer Wald nicht nur überleben, sondern sich vielleicht sogar wieder im Talraum ausbreiten kann.

Falls Sie bei Ihrer Stadt-Land-Fluss-Tour durch **Kaltenbrunn** kommen: Dort gibt es am Ortseingang eines der letzten historischen Scheunenviertel. Die Scheunen stehen dort noch wie früher zusammenhängend vor den „Toren" des Ortes. Man wollte dadurch ausschließen, dass ein Heubrand Kaltenbrunn in Schutt und Asche legt. Eine Selbstentzündung der eingelagerten Mahd war früher keine Seltenheit.

Etwas abseits vom Haidenaabtalradweg steht das **Röthenbacher** Hammerschloss. Die mächtige Anlage derer von Grafenstein mit aufgegebener Brauerei, leeren Stallungen und der Natur überlassenem Park zeigt deutlich, welch einflussreiche, mächtige Leute die Ham-

ROMANTISCHE ROUTEN

Viele Flüsse des Naturparks, darunter Waldnaab und Pfreimd, sind über romantische Radwanderwege erschlossen. Auf gut befestigten Wirtschaftsstrassen und asphaltierten Nebenstraßen geht es durch wunderschöne Auenlandschaften. Die längste Route ist der **Haidenaab-Radweg,** der – immer in Flussnähe – von Bayreuth bis zur Vereinigung der Haidenaab mit der Waldnaab bei Unterwildenau etwa achtundachtzig Kilometer misst. Wer weiterradelt, kommt auf dem Naabtalradweg nach weiteren dreiundneunzig Kilometern über Nabburg, Schwandorf, Burglengenfeld und Kallmünz nach Mariaort bei Regensburg. Von nun an geht es auf dem Donauradweg bis nach Wien weiter flussabwärts.

Ein imposantes Anwesen war einst das Hammerherrenhaus in Steinfels.

merherren damals waren. Das zweigeschossige Wohnhaus, an das eine Kapelle angebaut ist, stammt aus dem Jahr 1678. Das Kirchlein trägt das Patronat Mariä Empfängnis. Leider sieht das Anwesen nach mehreren Besitzerwechseln und einem Mauereinsturz einer ungewissen Zukunft entgegen.

Das Röthenbachtal ist noch aus einem anderen Grund einen Besuch wert. Dort hat der Naturpark mit den Forstbehörden und dem Wasserwirtschaftsamt ein sogar vom Bundesumweltministerium ausgezeichnetes Naturparadies geschaffen. Die früher im Fichtendickicht verborgenen Wasserläufe Röthenbach, Hainbach und Bärenbach wurden wieder freigelegt, Äcker aufgegeben, Streuobstwiesen und Hecken angelegt, verlandete Weiher neu aufgestaut und Feuchtbiotope wieder vernetzt. Seitdem wird nicht nur in weiten Bereichen auf Fischerei verzichtet; auch Rehe, Wildschweine, Hasen und andere Tiere haben in einem Waldruhegebiet nun Sonderrechte. Schneller als erwartet stellten sich erstaunliche Erfolge ein: Schwarzstorch, Rebhuhn, Neuntöter, Eisvogel, Teichrosen, Iris und Sumpfblutauge geben sich wieder ein Stelldichein. Sogar die vom Aussterben bedrohten Fischotter und Fischadler können bisweilen beobachtet werden.

Ein sehenswertes Schloss ist in **Unterwildenau** erhalten. Besitzer Peter Ruiz war im 14. Jahrhundert ein Gründungsmitglied der Hammervereinigung. Das heutige Herrenhaus ist ein spätgotischer Giebelbau aus dem frühen 17. Jahrhundert. Es war ursprünglich nur zweigeschossig und wurde später um ein Stockwerk erhöht. Die Zimmer sind zum Teil mit wertvollen, getäfelten Decken verziert.

Früher bot das Anwesen einen noch viel malerischeren Anblick, da es ganz von Wasser umgeben war. Doch seit dem Dammbau an der Autobahn erreicht nicht einmal mehr das Hochwasser die idyllische Anlage. Die etwa zwei Meter hohe Ringmauer mit den hübschen Türmchen gilt ebenso wie die landwirtschaftlichen Nebengebäude als Industriedenkmal: Sie besteht teilweise aus Eisenschlacke, einem Abfallprodukt der Hammerwerke.

Die zu Beginn des 16. Jahrhunderts angegliederte Schlosskapelle, die nach einem Brand neu errichtet wurde, ist dem heiligen Laurentius gewidmet und beherbergt einen Akanthusaltar aus dem Jahr 1705. Noch älter ist die Schlossschänke. Zum Anwesen gehörten neben dem Wasserkraftwerk auch Schneid- und Sägemühle, Malz- und Brauhaus, Schnapsbrennerei, Obst-, Gewürz- und

Ein Eldorado für seltene Tiere und Pflanzen ist das Klingenbachtal bei Kohlberg. Auch der selten gewordene Feuersalamander kommt dort noch in größerer Zahl vor.

Hopfengärten, Schlosspark sowie zahlreiche Äcker, Wiesen und Weiher. Der Reichtum kam nicht von ungefähr: Mit der Hohen Straße und der auch „Eisenstraße" genannten Alten Heerstraße war der Hammer in Unterwildenau gut an Rohstoff- und Absatzmärkte angebunden. Sehenswert ist auch die etwa neunzig Meter lange Steinerne Brücke über die Waldnaab bei Unterwildenau. Das Aussehen und die Bauweise weisen viele Parallelen zur berühmten Steinernen Brücke in Regensburg auf.

Es gibt im Naturpark noch etliche andere Spuren historisch bedeutender Altstraßen. Wer sich für die Verkehrswege von anno dazumal interessiert, sollte unbedingt einen Stopp in **Kohlberg** einlegen. Der Ort ist im 11. oder 12. Jahrhundert von Köhlern gegründet worden, die in den ausgedehnten Wäldern Holzkohle für die Eisenverhüttung und -verarbeitung herstellten. Drei Altstraßen führen durch das Gebiet: Bernsteinstraße, Goldene Straße und Hohe Straße. An einer davon, der geschichtsträchtigen Bernsteinstraße, hat der Naturpark im **Klingenbachtal** einen drei Kilometer langen Naturerlebnisweg geschaffen. In vor- und frühgeschichtlicher Zeit wurde auf dieser Trasse Bernstein von der norddeutschen Küste bis zum Mittelmeer transportiert. Dem fossilen Baumharz

Im 1. Oberpfälzer Kultur- und Militärmuseum trifft man auch auf Elvis Presley.

ELVIS UND TÜRMER

Das 1. Oberpfälzer Kultur- und Militärmuseum in **Grafenwöhr** erzählt von versunkenen Dörfern. Bei der Ausweisung beziehungsweise der Vergrößerung des Truppenübungsplatzes verloren Anfang des 20. Jahrhunderts viele Oberpfälzer ihre Heimat. Orte wie Haag, Pappenberg oder Hopfenohe wurden für den „Beschuss" freigegeben und ausradiert. Prominentester Soldat auf dem Übungsplatz war Elvis Presley, der sechs Wochen hier stationiert war.

begegnet man freilich heute nicht mehr, dafür ist das Gebiet mit seinem Quellbereich und seinen Streuobstzeilen und Hecken ein Dorado für bemerkenswerte Tier- und Pflanzenarten. Rebhuhn, Feldhase, Zilpzalp, Sumpfgrashüpfer und Zaunkönig finden dort ebenso ein Zuhause wie Witwenblume, Teufelsabbiss, Blutwurz und Waldengelwurz. Auch der Neuntöter stimmt in den Hecken sein Lied an. Der Volksmund nennt ihn auch „Dorndraher", weil er getötete Insekten gerne als Vorrat auf die Dornen von Schlehen spießt.

Auf dem höchsten Punkt der Gemeinde Kohlberg, dem **Kohlbühl** (588 Meter), befindet sich der Aussichtspunkt „Dreifaltigkeit". Bei schönem Wetter liegt dem Wanderer dort der Naturpark zu Füßen. Über den Ort Kohlberg sowie die Basaltkuppen Parkstein und Rauher Kulm kann man bis ins Fichtelgebirge schauen. Der Name „Dreifaltigkeit" weist auf einen Gedenkstein mit Marienbild hin, der von drei alten Linden umgeben ist. Die Gegend ist auch ein „Hotspot" für Fledermaus-Beobachtungen. Regelmäßig überwintern in alten Kellern Braunes Langohr, Fransen- und Wasserfledermaus sowie Graues Langohr. Im Ort gibt es zudem eine Wochenstube, in der Hunderte von Jungen heranwachsen.

Am Bienenweg steht ein großes Insektenhotel. An schönen Tagen herrscht dort emsiges Treiben.

BIENENLEHRPFAD

Einen ungewöhnlichen Lehrpfad gibt es bei **Kaltenbrunn** zu bestaunen. An der Staatsstraße nach Dürnast hat der Imker- und Bienenzuchtverein einen **Bienenweg** angelegt, der das Leben und die Bedeutung dieser Insekten für die heimische Flora deutlich macht. Auf der rund einen Kilometer langen Trasse gibt es unter anderem ein Lehrbienenhaus und ein Insektenhotel zu bestaunen. Info-Tafeln liefern allerlei interessantes Hintergrundwissen und zeigen, dass durch die Verknappung des Nahrungs- und Nistangebots die Zahl der einst rund vierhundert Wildbienenarten in vielen Gebieten drastisch zurückgegangen ist.

Natur aus zweiter Hand geschaffen

Baggerseen und Kiesteiche bilden im Raum **Pressath, Grafenwöhr, Schwarzenbach** und **Mantel** einen krassen Gegensatz zur üppigen Vegetation am Fluss. Die stellenweise an eine Mondlandschaft erinnernde Szenerie ist durch den Sandabbau von Menschenhand geschaffen worden. Die mächtigen Sandbänke sind ein Relikt der Eiszeit und zeigen eindrucksvoll die gewaltigen Kräfte der Erosion.

Die Blauflügelige Ödlandschrecke ist meist erst zu sehen, wenn sie ihre Flügel ausbreitet.

Es ist ungemein faszinierend zu erkunden, wie die Natur nach dem Abbau des Bodenschatzes die großen Wunden in der Landschaft wieder selbst schließt. So leblos, wie das sandige Ödland aussieht, ist es nämlich gar nicht. Bereits während des Abbaus beginnen teils seltsam anmutende Tier- und Pflanzenspezialisten damit, den Kieswerken Meter um Meter des Lebensraumes wieder zu entreißen. Schon bald durchbrechen auf dem wechselfeuchten Boden Ackerschachtelhalme die Sanddecke. Dort, wo der Sand locker ist, keimen Silbergräser und einjährige Kräuter. Bald folgen der Vegetation Lebewesen, die eigentlich in alten Dünen, Gletschermoränen und Erosionsgebieten zu Hause sind.

Ein typischer Sandpionier aus der Tierwelt ist die Blauflügelige Sandschrecke, die auf dem Kiesboden erst auszumachen ist, wenn sie abhebt und ihre blauen Unterflügel zeigt. Die Sandsteilwände der Abbaukanten sind ein wichtiger Lebensraum von Uferschwalben, die bis zu einen Meter lange Gänge in den Sand graben und dort, vor Eierräubern geschützt, ihre Jungen aufziehen. Eine Kolonie besteht manchmal aus über hundert Brutpaaren. Unglaublich, mit welcher Exaktheit die Vögel an den „Schweizer-Käse-Sandwänden" ihr Nistloch finden.

GRÜNDERWEG

Das Städtedreieck **Pressath, Grafenwöhr** und **Eschenbach** ist mit dem achtundzwanzig Kilometer langen **Gründerweg** verbunden. Waldstrecken wechseln sich mit herrlichen Aussichtspunkten und romantischen Flussauen ab: ein abwechslungsreiches Wandervergnügen. Die Strecke lässt sich auch gut in kleinere Tagesetappen einteilen. Außerdem gibt es hier ein gutes Radwegenetz.

rechts:
Ein Erlebnis sind Theatervorstellungen auf der Naturbühne am Schönberg. Der frühere Sandsteinbruch ist ständige Spielstätte des Landestheaters Oberpfalz.

NATURBÜHNE AM SCHÖNBERG

In **Grafenwöhr** gehen Natur, Kultur, Geologie und Wirtschaft am altstadtnahen **Schönberg** eine einzigartige Verbindung ein. Dort gibt es in einem alten Sandsteinbruch eine einzigartige **Naturbühne** mit einem Zuschauerraum für bis zu 500 Zuschauern. Schon seit rund hundert Jahren wird dort Theater gespielt.

Der Turm auf dem Gelände des Kontinentalen Tiefbohr-
programms der Bundesrepublik Deutschland (KTB) ist eines
der bekanntesten Wahrzeichen des Naturparks.

Ausflüge in die Erdgeschichte

Dreiundachtzig Meter hoch wächst der graue Stahlkoloss aus dem Braun und Grün der Äcker und Felder in den weißblauen Himmel. Nachts, wenn ihn Strahler in ein helles Licht tauchen, erinnert er ein bisschen an eine Raketenstartrampe der NASA. Die filigran verbundenen Metallgestänge bilden einen krassen Gegensatz zu den sanften Waldrücken, aus denen die moderne Landmarke weithin sichtbar emporragt. Experten aus aller Herren Länder kommen hierher. Für die schöne Aussicht von dort oben haben die meisten allerdings keinen Blick. Bei diesem Turm interessiert das, was man nicht sieht. Darunter befindet sich nämlich ein neun Kilometer tiefes Loch in der Erde. An dieser Touristenattraktion hätte selbst der französische Schriftsteller Jules Verne seine helle Freude gehabt. Oder auch nicht. Denn nach dem Besuch hätte er wohl große Teile seines Romans „Reise zum Mittelpunkt der Erde" umschreiben müssen.

Etwa drei Kilometer vom Städtchen **Windischeschenbach** entfernt steht die größte Landbohranlage der Welt. Darunter befindet sich das tiefste und das senkrechteste Loch der Welt und das heißeste Loch Deutschlands. Millimeter um Millimeter schraubten sich jahrelang die Bohrmeißel in die Tiefen des Erdmantels und brachten Steine, die vorher noch nie ein Mensch gesehen hatte, ans Tageslicht. Die Kontinentale Tiefbohrung hat dem Naturpark dieses Wahrzeichen und damit zahlreiche Superlative beschert, welche die Region in Fachkreisen in der ganzen Welt bekannt gemacht haben.

Das Geo-Zentrum ermöglicht erstaunliche Einblicke in die Erdgeschichte.

Die ersten siebeneinhalbtausend Meter weicht die Bohrung nur wenige Meter von der Senkrechten ab. Es ist allerdings nicht möglich, einen Blick nach unten zu werfen. Die Öffnung ist aus Sicherheitsgründen mit einem gewaltigen

Deckel verschlossen. Für Wissenschaftler ist sie ein Teleskop ins Innere des Planeten. Der Fachmann staunt und der Laie wundert sich über die faszinierenden Erkenntnisse und die Steine aus dem Schoß von Mutter Erde.

Die Wahl des Bohrgeländes war kein Zufall. Das sanfte Relief des Oberpfälzer Waldes hat es in sich. Hier prallten vor etwa 320 Millionen Jahren die Riesenschollen der Urkontinente Afrika und Asien aufeinander. Mehrere tausend Meter hohe Berge türmten sich an der Nahtstelle von Moldanubikum (Ur-Afrika) und Saxothuringikum (Ur-Europa) auf. Gesteine aus dreißig Kilometern Tiefe sind beim Aufprall nach oben gepresst worden. Weitere Anreize waren eine ungewöhnlich hohe elektrische Leitfähigkeit und ein starkes Magnetfeld der Erde. Auch eine hochreflektive Schicht für seismische Wellen weckte das Interesse der Forscher.

Vielen Geheimnissen der Erdgeschichte spürten die Wissenschaftler bei diesem ersten deutschen Großprojekt zur geowissenschaftlichen Grundlagenforschung nach. Rund fünfzig Universitäten und Forschungsstellen waren mit der Auswertung der Ergebnisse beschäftigt. Die Wissenschaftler haben Tausende von Veröffentlichungen verfasst. Für die Forschung ist diese Landbohrung genauso bedeutend wie die Landung auf dem Mond!

Der geowissenschaftliche Schwerpunkt macht die Umweltstation „GEO-Zentrum an der KTB" sowohl in Bayern als auch in Deutschland einzigartig.

Rund 265 Millionen Euro sind in das Projekt investiert worden. Sieben Jahre drehten sich die Meißel langsam in die Tiefe. Nach 1.467 Bohrtagen war am 12. Oktober 1994 bei 9.101 Metern vorzeitig Schluss. Eigentlich wollten die Wissenschaftler die Erde zehn bis vierzehn Kilometer tief anbohren, die Temperatur im Erdinneren nahm jedoch viel schneller zu, als erwartet worden war. Bei zweihundertachtzig Grad Celsius war schließlich die technisch beherrschbare Grenze bedrohlich nahe gerückt. Trotzdem ist die Tiefbohrung eine der größten technischen Meisterleistungen der Menschheitsgeschichte. Nicht zuletzt deshalb war das Gelände Außenstelle der „Expo 2000" und sechs Jahre später zur Fußball-WM eine Station im „Land der 365 Ideen".

Im ganzjährig geöffneten Geo-Zentrum können Schaubilder und Modelle vom Aufbau der Erde sowie der gewaltigen Bohrung bestaunt werden. Auch ein Geo-Kino und eine Mess-Station gibt es, die alle großen Beben dieser Erde registriert. Selbst die Bohrkerne können zur Freude vieler Besucher nun wieder auf dem Gelände bewundert werden. Seit Dezember 2010 ist das Geo-Zentrum der Kontinentalen Tiefbohrung (KTB) zudem als Umweltbildungsstätte anerkannt.

Bei der Bohrung wurde weltweit erstmals eine bedeutende Störungszone in großer Tiefe durchquert. Denn genau in dieser Gegend stößt ein fünfhundert

GEO-PARK BAYERN-BÖHMEN MACHT ERDGESCHICHTE ERLEBBAR

Der gesamte Naturpark ist auch Teil des **Geo-Parks Bayern-Böhmen** mit Sitz in Parkstein. Er will die Erdgeschichte mit Info-Punkten, Erlebniswegen, Exkursionen, Vorträgen und anderen Veranstaltungen und Aktivitäten in der geologischen Mitte Europas sichtbar und erfahrbar machen. Der Nördliche Oberpfälzer Wald ist ungemein reich an besonders sehenswerten Geotopen, darunter der Basaltkegel **Parkstein** (mit wunderschönen Basaltgarben), der Kreuzberg **Pleystein** (aus echtem Rosenquarz) und der **Rauhe Kulm** (mit wunderschönem Blockschuttfeld), um nur einige zu nennen.

Millionen Jahre altes Grundgebirge an junge Kreideablagerungen. Fachleute bezeichnen diese markante Geländekante als Fränkische Linie. Sie zieht sich von Linz in Österreich im Süden bis zum Teutoburger Wald im Norden durch die Republik. Zwischen **Döltsch** und **Altenparkstein** liegt der einzige geologische Aufschluss, an dem das Aufschieben des Grundgebirges auf das Vorland direkt zu sehen ist. Fachbesucher aus aller Welt kommen in den Naturpark, nur um dies zu bewundern. Auch Freizeitsportler wissen diese geologische Besonderheit zu schätzen. Vom **Voglberg** schwingen sich bei schönem Wetter Drachen- und Gleitschirmflieger in einer Schneise in die Lüfte. Der Höhenunterschied von hundertfünfzig Metern zum Landeplatz ermöglicht ihnen für die Region ungewöhnlich gute Sportmöglichkeiten.

Eine Gratwanderung lohnt sich nicht nur wegen dieser geologischen Besonderheit, sondern auch wegen der grandiosen Aussichtspunkte, die sich wie Perlen an einer Kette an der Störungslinie aneinander reihen. Vor allem im Gebiet der Gemeinde **Kirchendemenreuth** gibt es malerische Panoramablicke in Hülle und Fülle. Das Hügelland zwischen **Erbendorf** im Norden, **Pressath** im Westen, **Altenstadt a. d. Waldnaab** im Süden und **Windischeschenbach** im Osten nennt man nach einer uralten Bezeichnung „Haberland". Der Begriff weist auf den früher weit verbreiteten Haferanbau in dieser Region hin. Die rauen Winde und tiefen Verwitterungsböden des Gneises ließen die Rispen besser als viele andere Getreidesorten gedeihen.

Die Kirche Sankt Johann, die noch romanische Stilmerkmale aufweist, ist nach einer Sage dort gebaut, wo ein mit drei Goldkisten beladener Pferdewagen stehen blieb. Der Besitzer des versunkenen Schlosses Geiselhof aus dem nahen **Sauerbachtal** wollte sich damit angeblich kurz vor seinem Tod einen Platz im Paradies sichern. Jener wunderschöne naturbelassene Talraum lockt nicht zuletzt wegen der neu erbauten Einkehrhütte in **Holz-**

KÄSESPEZIALITÄTEN UND KNEIPP-ANWENDUNGEN IM HABERLAND

In der Haberland-Gemeinde **Kirchendemenreuth** befinden sich mit einer Hofkäserei sowie einem Kneipp-Gesundheitshof zwei ungewöhnliche bäuerliche Betriebe: Auf dem Bauernanwesen der Familie Lang in **Oed** reifen aus der Milch der eigenen Kühe Spezialitäten wie der prämierte Bockshornklee-Käse heran. Gruppen haben die Möglichkeit, Bäuerin Renate Lang über die Schulter zu blicken. Und Lissy Schneider ist immer für einen kalten Aufguss zu haben. Sie weiht im nahen **Altenparkstein** Gäste in die Geheimnisse der Kneipp-Therapie ein.

Die Sauerbachtalhütte bei Holzmühle ist in der Nähe von Altenstadt a. d. Waldnaab ein beliebtes Wanderziel.

Auch seltene Orchideen wie das Breitblättrige Knabenkraut wachsen im Talraum.

mühle bei schönem Wanderwetter Scharen von Spaziergängern, Wanderern und Radfahrern an. Das war nicht immer so. Der Flurname „Höll" erinnert daran, dass dort früher Wegelagerer und Banditen ihr Unwesen trieben. Heute ist das Sauerbachtal ein Orchideenparadies.

Viele Wunder im Mirakelbuch nachzulesen

Bei **Neustadt a. d. Waldnaab** wird die Bruchlinie vom Tal der Waldnaab durchschnitten. Hoch über dem Tal grüßt die Wallfahrtskirche Sankt Felix weit in das Land. Vom Parkplatz vor dem Gotteshaus genießt man einen Ausblick auf Altenstadt a. d. Waldnaab, in die Weidener Bucht und zum Parksteiner Vulkankegel. Auf jeden Fall einen Besuch wert ist auch die alte Pfarrkirche Mariä Himmelfahrt bei Altenstadt, deren Langhaus noch aus romanischer Zeit stammt. Im Gotteshaus gibt es ein uraltes Taufbecken aus Sandstein. Auch eine Heimatstube hat der Ort. Benannt ist sie nach Anton Wurzer (1883 bis 1955), einem Dichter und Lehrer. Sein bekanntestes Werk war der „Schelmenspiegel".

Das Mirakelbuch des Klosters Sankt Felix berichtet von Hunderten Gebetserhörungen auf dem heiligen Berg der Kreisstadt. Auch die Geschichte der Wallfahrtsstätte begann mit einem Wunder: Christoph Ulrich von Weinzierl, ein Neustädter Stadtrichter, war nach den Überlieferungen an einem gefährlichen Fieber erkrankt. In Todesangst rief er auf Empfehlung von Kapuziner-Patres den wundertätigen Bruder Felix von Cantalice an. Als Felix 1712 heiliggesprochen wurde, ging prompt das Fieber zurück. Zum Dank für seine Genesung ließ der Neustädter vom Tachauer Künstler Adolf Grieger eine Statue schnitzen, die Felix im Kapuzinergewand zeigt, und stellte sie an einer Quelle etwas unterhalb der heutigen Kirche auf.

Die Wunderheilung sprach sich schnell herum. Viele Blinde kamen und wuschen sich in der Hoffnung, geheilt zu werden, in der mittlerweile versiegten Quelle die Augen. Schon nach einigen Jahren wurde deshalb auf dem Berg eine Kapelle für das Gnadenbild errichtet. Die Felix-Figur ist in einem Schrein am Altar zu sehen. Die heutige, prächtig ausgestattete Kirche stammt aus der ersten Hälfte des 18. Jahrhunderts. Auffallend ist der ungewöhnliche kleeblattartige Gebäudegrundriss, der von der etappenweise Entstehung des Gotteshauses kündet. Die zahlreichen Deckengemälde stellen in barocker Herrlichkeit hauptsächlich Szenen aus dem Leben des Patrons dar.

Von der früheren Volksfrömmigkeit berichtet auch eine Kreuzigungsgruppe auf dem Kalvarienberg bei **Altenstadt a. d. Waldnaab** mit Gusseisen-Kruzifix, Pietà und 14 Kreuzwegstationen aus der zweiten Hälfte des 19. Jahrhunderts.

Die Altenstädter und Neustädter haben auch eine gemeinsame Wallfahrtskirche: die Mutter-Anna-Kirche auf dem **Mühlberg** nordwestlich von Neustadt.

Die Mutter-Anna-Kirche auf dem Mühlberg war früher eine beliebte Wallfahrtsstätte.

Weithin grüßt die Felixkirche in Neustadt a. d. Waldnaab ins Land.

Kirchlich gehört sie zur Pfarrei Altenstadt, politisch zur Stadt Neustadt. Der im Rokokostil gehaltene Hochaltar birgt statt eines Altarbildes einen Glasschrein, in dem eine Anna-Statue zu sehen ist, die Maria und das Jesuskind hält. Dieses Selbdritt-Figürchen stammt aus der Zeit um 1500. Eine Sage berichtet, dass die Statue früher auf einem anderen Berg stand und nachts in der Kapelle auf dem Mühlberg erschien. Die Gläubigen betrachteten dies als Fingerzeig Gottes und brachten sie schließlich dorthin.

Das Mühlberg-Kirchlein wurde zusammen mit Sankt Quirin und Sankt Felix einst als dreifacher Gnadenstern verehrt. Votivbilder im Neustädter Stadtmuseum erinnern noch daran. Das Gotteshaus führte einige Jahre ein Schattendasein und wurde kaum beachtet. Durch die Untertunnelung des Mühlbergs ist die Gnadenstätte wieder stärker ins Bewusstsein gerückt. Die Straße verschwindet direkt unterhalb der Kirche im Gneismassiv.

Ein weiteres kirchliches Kleinod findet der Kunstfreund einige Kilometer weiter in der Gemeinde Theisseil in **Wilchenreuth.** Über dem Weidener Becken befindet sich dort die uralte evangelische Kirche Sankt Ulrich: die einzige rein romanische Kirche der Oberpfalz, deren Grundriss nie verändert worden ist. Im Inneren sind im Altarraum noch romanische Wandmalereien erhalten, die Anfang des 20. Jahrhunderts wiederentdeckt worden sind. Das Gemälde zeigt Jesus als Weltenrichter, umgeben von den Attributen der vier Evangelisten. Ein Besuch in Wilchenreuth lohnt sich übrigens auch in den Abend- und Nachtstunden. Im Kirchlein befindet sich nämlich eine Fledermaus-Wochenstube. Zudem ist die Gegend ein guter Platz fürs Sternenschauen, da die Lichtverschmutzung dort relativ gering ist.

Bis ins 19. Jahrhundert wurde bei **Irchenrieth** und **Bechtsrieth** an der Fränkischen Linie Feldspat abgebaut. Das Patronat Sankt Barbara der Irchenriether

Dorfkirche kündet davon. Die heilige Barbara ist nämlich die Schutzheilige der Bergleute. Ein beliebtes Wander- und Pilgerziel ist in der Nähe das „Johannisbrünnerl", um das sich viele Sagen ranken. Ein Eremit soll dort bestattet sein. Er ließ sich nach seinem Ableben dort beerdigen, wo zwei herrenlose Ochsen seinen Leichnam hintrugen. Einige Zeit später sprudelte eine Heilquelle aus dem Boden, die in einem altarähnlichen Flurdenkmal gefasst worden ist.

Leuchtenberg, die „Akropolis der Oberpfalz"

Auf einer 573 Meter hohen abgeflachten Granitkuppe steht weithin sichtbar die Burgruine **Leuchtenberg**. Malerisch umrunden die **Luhe** und die **Lerau** fast halbkreisförmig den mächtigen Berg. Blockmeere, Wollsäcke, Strudellöcher und Steinschliffe führen im Tal die Kräfte der Natur vor Augen.

Die imposanten Mauerreste werden bisweilen auch als „Akropolis der Oberpfalz" bezeichnet. Malerisch reichen die Häuser an die Festung heran. Die erste Burganlage wurde im 10. oder 11. Jahrhundert

KRÄUTERGARTEN IN DER BURG LEUCHTENBERG

Die **Burgruine Leuchtenberg** beherbergt seit einigen Jahren auch einen **Kräutergarten**. Mitglieder des Fördervereins haben mit Unterstützung des Naturparks in rund hundert Arbeitsstunden aus dem ehemaligen Efeugarten auf dem alten Wehrgang ein kleines Insektenparadies gemacht, in dem es an schönen Tagen nur so brummt und summt. Wildkräuter und -blumen wie Katzenminze, Königskerze, Spitzwegerich und Natternkopf bilden mit typischen Oberpfälzer Bauernkräutern und Gewächsen, die Ritter von ihren Kreuzzügen mitgebracht haben (könnten), eine ungewöhnliche, echt „dufte" Lebensgemeinschaft. Und da in der großen Ruine auch für Sträucher wie den Schwarzen Holunder, die Hagebutte und den Weißdorn Platz ist, kann man eine Burgbesichtigung auch zu einem botanischen Spaziergang durch die Kräuterwelt machen.

Die Burg Leuchtenberg war der Sitz eines einflussreichen Adelsgeschlechts.

Tipp: LTO Sommerfestspiele

Die **Burgruine Leuchtenberg** ist einer der wichtigen Spielorte des Landestheaters Oberpfalz (LTO), das ganzjährig in der nördlichen Oberpfalz tätig ist. Die Aufführungen im Innenhof der imposanten Ruine von Mai bis August zählen sicher zu den Highlights des Jahres. Wer die Chance hat, eine der Vorstellungen zu besuchen, sollte sie unbedingt nutzen. Das einzigartige Ambiente begeistert alljährlich Jung und Alt. Die LTO Sommerfestspiele sind mit gut 15.000 Gästen die größten Festspiele im Oberpfälzer Wald. Das Programm umfasst u. a. Musical, Familienstücke und Schauspiele. Karten unter: www.landestheater-oberpfalz.de

Heute ist die Burgruine die wichtigste Spielstätte des Landestheaters Oberpfalz.

errichtet. Überragt werden die Reste der Burg, die einst vier Tore hatte, vom vierundzwanzig Meter hohen, viereckigen Bergfried, den man über eine nachträglich integrierte Treppenanlage erklimmen kann. Die Plattform ist einer der schönsten Aussichtspunkte des Naturparks. Der gotische Chorraum der Burgkapelle im Innenhof stammt aus der Zeit um 1300 und entspricht in seinen Grundzügen noch der ersten Burgkapelle.

Die Anlage lässt erahnen, welch einflussreiches und mächtiges Geschlecht die Leuchtenberger einst waren. Angehörige des Hauses gehörten zeitweise zum engsten Beraterkreis des Kaisers und waren bei Kreuzzügen dabei. Das zuletzt sogar gefürstete Grafengeschlecht starb im 17. Jahrhundert aus. Trotzdem taucht der Titel später noch in Geschichtsbüchern auf. Ein Stiefsohn Napoleons wurde nach dem Sturz des Kaisers unter anderem mit dem Titel „Herzog von Leuchtenberg" für den Verlust Italiens entschädigt.

Um die mächtigen Mauern der Burg ranken sich schaurige Sagen. König Heinrich der Finkler soll dem Berg seinen Namen gegeben haben. Durch ein Licht von der Anhöhe hat er nach den alten Überlieferungen die verlorene Tochter wiedergefunden. In einer vermauerten Öffnung an der Südwand des Palas soll einer der Burgherren seine Tochter eingemauert haben, weil sie sich einem Knappen hingab. Den Liebhaber ließ er am Kalten Baum bei Vohenstrauß aufhängen.

Eine andere Geschichte berichtet, dass einer der Burgherren seine eigene Frau wegen ihrer krankhaften Eifersucht und Neugierde auf einem Foltergerät zu Tode quälen ließ.

Genährt wurden diese Erzählungen durch ein altes Bildnis mit der Inschrift „Das macht mein Fürwitz, dass ich auf dem Igel sitz", das mindestens bis Mitte des 18. Jahrhunderts im Bereich der Schlafgemächer zu sehen war.

Rund um Leuchtenberg findet man zahlreiche beeindruckende Granitformationen, darunter die freigelegten Naturdenkmäler Heller Stein bei **Steinach** und Hoher Stein an der östlichen Ortseinfahrt von Leuchtenberg. Einen wunderschönen Blick auf die Burgruine hat man vom nahen **Herrmannsberg.** Die Anhöhe ist zudem wegen einer schönen Eichenallee einen Besuch wert. Die mit Kreuzwegstationen bestückte Baumstraße lotst zu einer Kapelle. Ganz in der Nähe werden mit dem Naturparkbrot und dem aus Streuobst hergestellten naturtrüben Apfelsaft der Steinacher Mosterei Bernhard zwei Spezialitäten des Nördlichen Oberpfälzer Waldes hergestellt.

„BUTZLKOUH" SPIELT IN „HERMANN'S KASPERLTHEATER" MIT

Schaurig-schöne Gestalten wie die Hexe Krümelzahn oder der Zauberer Spitzhut sind in **Edeldorf** am Fuße der Fränkischen Linie zu Hause. Dort ist die Heimat von **„Hermann's Kasperltheater".** Puppenspieler Hermann Papacek hat auch das Naturpark-Maskottchen „Butzlkouh" in sein Ensemble aufgenommen.
Im Gasthaus „Edelweiß" finden regelmäßig Vorstellungen statt. Alle liebevoll eingekleideten Puppen sind selbst gefertigte Unikate, auch die Stücke schreibt Hermann Papacek selbst.

Rund um Leuchtenberg gibt es viele beeindruckende Granitformationen. Der Helle Stein ist eine davon.

Vom Tännesberger Schlossberg aus hat man eine traumhafte Aussicht.

Früher stand eine Burg auf dem Schlossberg von Tännesberg. Heute ist die Anhöhe eine Andachtsstätte.

Der St.-Jodok-Ritt wird alljährlich zum Dank dafür abgehalten, dass der Ort von einer großen Viehseuche verschont geblieben ist.

Burg von den Schweden erobert

In **Tännesberg** stand ebenfalls eine trutzige Burg. Allerdings sind auf dem Schlossberg nur mehr Reste der mittelalterlichen Festung erhalten. Vermutlich wurde sie im Dreißigjährigen Krieg von den Schweden eingenommen und zerstört. Anfang des 19. Jahrhunderts wurde die Ruine bis auf die Grundmauern abgetragen. Kreuzwegstationen, ein Heiliges Grab mit Wächtern und eine Kapelle haben daraus eine Andachtsstätte werden lassen. Dort, wo jetzt die Kreuzigungsgruppe steht, soll sich früher der Bergfried befunden haben. Von oben entschädigt eine tolle Aussicht für die Mühen des Aufstiegs.

Stolz sind die Bürger des Marktfleckens auf eine uralte Pilgertradition: den Sankt-Jodok-Ritt, die zweitgrößte Pferdewallfahrt Bayerns. Alljährlich am vierten Sonntag im Juli reiten die Tännesberger in prächtig herausgeputzten Rössern zu einer kleinen Wallfahrtskirche am Rande des Marktes. Sie lösen damit ein Gelübde ein, das sie 1796 bei einer furchtbaren Viehseuche gaben. Damals waren zweihundert Rinder verendet. Für Tännesberg war dies eine Katastrophe, zumal der Ort weithin für seine Viehmärkte bekannt war. Wenngleich die Pferdewallfahrt noch immer im Mittelpunkt des Festes steht, kommen beim Sankt-Jodok-Fest auch die weltlichen Genüsse nicht zu kurz. Ein Blickfang beim Kirchlein sind Totenbretter, mit denen der Waldverein an verstorbene Bürger des Marktes erinnert.

Tipp: Geo-Lehrpfad und Nordic-Walking-Zentrum Tännesberg

Der Geo-Lehrpfad ermöglicht einen Spaziergang durch die Erdgeschichte.

Eine Attraktion für Jung und Alt ist der Geologische Lehrpfad am Großbühl bei **Tännesberg,** der einzigen Kommune im Nördlichen Oberpfälzer Wald mit eigener Viabono-Lizenz. Der etwa dreieinhalb Kilometer lange Rundweg führt durch die Jahrmillionen unseres blauen Planeten, angefangen von der Erdfrühzeit über das -altertum und das -mittelalter bis zur -neuzeit. Jeder Besucher kann diesen Lehrpfad übrigens „steinreich" verlassen. An einer kleinen Halde dürfen die Besucher nämlich kostenlos nach ungewöhnlichen Mitbringseln suchen. Eine besondere Faszination geht vom „Stein der Weisen" am Lehrpfad aus. Wer das Geheimnis dieses sechzehn Tonnen schweren Granitfindlings ergründet, dem winkt eine Belohnung. Natürlich gibt es unterwegs auch ein Spielgelände, an dem sich die Kinder austoben können. Wer will, kann die Tour über den geologischen Panoramaweg mit einem Aufstieg auf den Schlossberg verbinden. Ein besonderer Tipp sind Audioguides, welche die über zwei Dutzend Stationen nicht nur zum Seh-, sondern auch zum Hörgenuss machen. Erhältlich sind die tragbaren Abspielgeräte im Tourismusbüro, im Sporthotel „Zur Post" und im Hotel „Wurzer".

Beim Geo-Lehrpfad befindet sich zudem das erste Nordic-Aktiv-Walking-Zentrum im Nördlichen Oberpfälzer Wald. Auf drei Routen kann man auf einer Gesamtlänge von zweiundzwanzig Kilometern die Biodiversität, also die Vielfalt der Arten und Lebensräume, dieser bayerischen Modellgemeinde sowie die landschaftliche Schönheit des Naturparks mit zwei Stöcken entdecken.

Schlagzeilen macht Tännesberg immer wieder durch ungewöhnliche Naturprojekte. In keiner anderen Gemeinde in Bayern wurden so viele Arten- und Biotop-Schutzmaßnahmen verwirklicht wie hier. Die vielleicht bekannteste Maßnahme ist die Freilegung des früher fast zugewachsenen **Kainzbachs,** der in den blockreichen Hängen des Tännesberger Waldes entspringt und nach etwa sechs Kilometern bei Kainzmühle in die Pfreimd mündet. Heute säumen Moor- und Streuwiesen den offenen Bachlauf. Viele seltene und gefährdete Arten, wie Schlagschwirl, Waldwasserläufer, Knoblauchkröte, Kleine Zangenlibelle und Violetter Feuerfalter, leben dort nun wieder. Im Wasser tummeln sich Elritzen, Bachforellen, Schmerlen und Mühlkoppen. Für den scheuen Schwarzstorch, der in unzugänglichen Wäldern hoch oben in den Wipfeln der Bäume nistet, ist der Tisch reich mit Wasserinsekten, Kleinfischen und Lurchen gedeckt.

Die auffallendsten „Neubürger" stehen allerdings auf vier Beinen: Rotvieh, eine alte, vom Aussterben bedrohte Oberpfälzer Rinderrasse, weidet im Tal. Bis Anfang des 20. Jahrhunderts war das Rotvieh die dominierende Zuchtrasse im Nördlichen Oberpfälzer Wald. Mit dem Siegeszug der Traktoren verschwanden die auch gut als Zugvieh geeigneten Tiere zunehmend von den Feldern und Höfen. Zuletzt erinnerten nur noch alte Wirtshausnamen wie „Zum Roten Ochsen"

Ein Hotspot für Naturliebhaber ist das Kainzbachtal. Dort findet man viele seltene Tier- und Pflanzenarten.

an sie. Der Landesbund für Vogelschutz bewahrt mit der Nachzucht die Tiere vor dem Aussterben, rettet wertvolle Lebensräume für Tiere und Pflanzen und hat so ganz nebenbei für Landwirte ein zusätzliches Standbein geschaffen. Die regionale Vermarktung der glücklichen Rinder aus dem Kainzbachtal hat sich nämlich als lukrative Einkommensquelle erwiesen. Mittlerweile finden alljährlich im Herbst die Tännesberger Rotviehwochen mit Weide-Exkursionen, kulinarischen Präsentationen und Vorträgen statt. Das hat sogar den Umweltminister beeindruckt. Im Jahr 2000 gab es bei einem Wettbewerb aus Berlin eine Ehrenurkunde für das Projekt „Lebensraum Kainzbachtal".

Mit dem angrenzenden Pfreimdtal in der Nähe des Ortsteils Döllnitz mündet der Kainzbach in ein weiteres romantisches Naherholungsgebiet. Die **Pfreimd** ist dort mehrfach angestaut und führt vor Augen, wie umweltfreundlich Energie gewonnen werden kann. Nicht ohne Grund ist Tännesberg mit der Umweltmarke „Viabono" ausgezeichnet worden. Hier wird sogar die Kartoffelernte zum Genuss. Es reifen unter der Erdkrume neben den ertragreichen braunen auch blaue, rote und gelbe Knollen heran. Genauso unterschiedlich wie die Farben sind auch die Formen der alten Erdäpfelsorten, die klangvolle Namen wie Blaue Vitelotte, Piroschka, Bamberger Hörnchen und Rote Emmalie tragen.

Zwischen Tännesberg und Kößing liegt der längste Obstlehrpfad Bayerns.

SÜSSE FRÜCHTCHEN

Zum Reinbeißen schön ist eine Wanderung zwischen **Tännesberg** und **Kößing** bei Vohenstrauß. Mit rund sieben Kilometern Strecke ist dort der längste **Obstlehrpfad** Bayerns angelegt. Der Wanderer begegnet jeder Menge süßen Früchtchen. An die hundert alten Apfel-, Birnen-, Zwetschgen- und Kirschsorten reifen am Wegesrand heran, darunter fast vergessene Gehölze mit den Namen „Königin Viktoria" und „Geheimrat Oldenburg". Es lohnt sich durchaus, etwas genauer hinzuschauen. Stamm, Äste und Zweige bieten auch vielen seltenen Tieren und Pflanzen einen Lebensraum.

Davon profitieren die Rebhühner, die auf diesen Kartoffeläckern ohne Dünger und Pflanzenschutzmittel einen intakten Lebensraum finden, zumal auch alte Getreidesorten wie Emmer, Dinkel und Einkorn für die bedrohte Vogelart wieder verstärkt angebaut werden. Die leckeren bunten Kartoffeln bei diesem naturparkübergreifenden Projekt der Wildland-Gesellschaft, einer Naturschutzorganisation des Landesjagdverbandes, kommen unter dem Motto „Artenschutz mit Hochgenuss" bei den Rebhuhn-Wochen mit Eslarner Dinkel-Zoigl auf den Tisch.

Da ist es irgendwie nur logisch, dass der bekannteste Wanderweg der Region, der „Goldsteig", dieses Gebiet durchquert. Der Prädikatsweg, der zwischen Marktredwitz und Passau auf traumhaften Wegen fünf Naturparke miteinander verbindet, führt auf einer Gesamtlänge von rund sechshundert Kilometern zu Einkehrmöglichkeiten wie der Strobelhütte auf dem Fischerberg sowie zu Sehenswürdigkeiten wie der Burgruine Leuchtenberg.

DAS NATURERLEBNISFELD MICHLDORF

Einen ganz und gar ungewöhnlichen „Waldgarten" gibt es bei **Michldorf** zu sehen. Unter der Regie des Oberpfälzer Waldvereins ist ein **Naturerlebnisfeld** mit Unratlehrgarten, Biotopen, Quizstationen, Fühlpfaden, alten Obstbaumsorten und Insektenhotel entstanden. Kinder können im Sand Tierspuren nachformen und die Tierwelt eines Reisighaufens erforschen. Sie erfahren so ganz nebenbei, wie weit eine Schnecke in einer Stunde kriechen kann, wie lange die Verrottung bestimmter Materialien dauert, sowie andere interessante Dinge. Im Herbst darf man von den Früchten der Guten Luise, einer traditionsrechen Birnensorte, als auch von der Hauszwetschge und anderen alten Obstbaumsorten naschen. Die Erlebniswelt liegt kurz nach Michldorf an der Kreisstraße nach Luhe.

Auf dem Naturerlebnisfeld Michldorf gibt es viel zu entdecken.

Die Burgruine Leuchtenberg wird wegen ihrer Größe auch als „Akropolis der Oberpfalz" bezeichnet.

Zwischen Neuhaus und Falkenberg liegt das wildromantische Waldnaabtal. Felsen begleiten den Lauf des Flusses.

Zu Gast bei Wassermann, Meerfrau und Moosweiblein

Wilde Wasser haben im Naturpark Nördlicher Oberpfälzer Wald bizarre Märchenwelten geformt. Nicht nur für Kinder gibt es im Reich von Wassermann und Moosweiblein viel zu entdecken. Wer genau hinhört, kann nicht nur dem Gesang seltener Vögel lauschen, sondern sogar die Steine sprechen hören. Sie erzählen von längst vergangenen Epochen der Erdgeschichte und Ereignissen aus grauer Vorzeit.

Verspielt umspült das Wasser in den Tälern von **Waldnaab, Lerau, Luhe** und **Girnitz** jahrmillionenalte Blockmeere. Riesige Kräfte der Natur haben die gewaltigen Granitmassen aus dem Erdinneren nach oben verschoben und aus der Erdkruste modelliert. Auf Schritt und Tritt ist bei einer Wanderung entlang der Wasserläufe das alte Sprichwort „Steter Tropfen höhlt den Stein" gegenwärtig. Sie haben den Tälern den letzten Schliff gegeben. Das Nass hat sich in die Tiefe gegraben, große Blockmeere freigelegt und dabei malerische Stilleben geformt. Noch in vielen Metern Höhe kann man an den Hängen an steilen Felsriesen alte Wasserstandslinien und Ausspülungen entdecken. Bis zu zehn Meter tiefe Strudellöcher, Pseudokarren und Steinmühlen warten darauf, von Ihnen entdeckt zu werden.

Wie verwunschene Riesen stehen ergraute Granittürme links und rechts des Weges. Wer genau hinsieht, kann leicht erkennen, warum Wissenschaftler bei den zerklüfteten und teilweise über dreißig Meter hohen Urgesteinsgebilden von Matratzen- und Wollsackverwitterung sprechen. Die skurrilen Steinwelten in und am Wasser beflügeln seit Menschengedenken die Fantasie.

Wundergarten der Natur

Ein absolutes Muss für Naturparkbesucher ist ein Abstecher ins **Waldnaabtal**. Auf rund sechzehn Kilometern windet sich der Wasserlauf zwischen **Falkenberg** und **Windischeschenbach** anmutig durch eine sehenswerte Schlucht. Dies ist der schönste Abschnitt des gesamten Flusses, der am Entenbühl an der bayerisch-böhmischen Grenze, dem höchsten Berg des Naturparks, entspringt und über die Naab und die Donau ins Schwarze Meer mündet. Mal plätschert das Wasser sanft dahin, mal nimmt es mächtig Fahrt auf. Dann rauscht, gurgelt und

Das Wasserrad bei der Blockhütte ist ein beliebtes Fotomotiv.

schäumt es wild über Stock und Stein. Blätter schaukeln auf den silbrig glänzenden Wellenkämmen durch das Tal, und weiße Schaumkronen brechen sich an Urgestein und benässen den Fels.

Eine Besonderheit im Tal ist der Sauerbrunnen in Nähe der Blockhütte. Aus dieser Quelle sprudelt Wasser mit hohem Kohlensäureanteil. Die rostrote Farbe und der bittere Geschmack weisen auch auf eine hohe Eisenkonzentration hin. Das Wasser wird mit dem einstigen Vulkanismus Nordbayerns in Verbindung gebracht.

Die Gelehrten streiten sich mittlerweile darüber, wie diese Miniatur des Grand Canyon entstanden ist. Die einen sind der Meinung, dass das Tal bereits vor der Hebung des Gebirges da war und trotz der gigantischen Veränderungen erhalten geblieben ist. Andere vertreten die These, dass der Fluss sich selbst durch den Stein gegraben hat. Wahrscheinlich liegt die Wahrheit irgendwo dazwischen.

Drei versunkene Burgen im Tal

Es waren unglaubliche Anstrengungen nötig, um an den steil abfallenden Hängen des Tales Burgen zu bauen. Trotzdem nahmen die alten „Rittersleit" diese auf sich. Sie waren mit Sicherheit nicht nur von der Natur begeistert, sondern maßen dem Durchbruch auch strategische Bedeutung bei. Ein Marterl zeigt den Standort der Burg **Altneuhaus**. Von einem großen Granitfelsen überragte sie das Tal. Mauerreste aus dem 13. Jahrhundert erinnern noch daran. Nach den bisherigen Erkenntnissen handelte es sich um eine Nebenburg von Falkenberg.

Sein Aussehen hat diesem Stein zum Namen „Amboss" verholfen.

Die Burg Falkenberg beherbergt ein Museum, ein Hotel und Veranstaltungsräume.

Letzter Eigentümer war das Kloster Waldsassen, das dem Besitz zuletzt wohl keine große Bedeutung mehr beimaß und ihn verfallen ließ. Man nimmt an, dass Altneuhaus eine kleine, zum Teil aus Holz gebaute Turmburg war.

Die frühere Festung war Namensgeber für ein ebenso ungewöhnliches wie originelles Blasmusik-Orchester: die „Altneihauser Feierwehrkapell'n". Wo die illustre Truppe von „Kommandant" Norbert Neugirg mit rußgeschwärzten Gesichtern und fingierten Zahnlücken auftritt, bleibt kein Auge trocken. Mit Witz und Verstand sowie Oberpfälzer Charme holen die Musiker zum „Löschangriff" auf das Zwerchfell aus. Nichts und niemand und vor allem keine musikalische Stilrichtung ist vor dem Ulk-Ensemble sicher. Das müssen beim Frankenfasching in Veitshöchheim auch Ministerpräsident Markus Söder und seine Ministerriege immer wieder leidvoll erfahren. Die Bläser und Schlagwerker können aber durchaus auch ernsthafte Musik machen. Das zeigt die von Neugirg getextete Feuerwehrhymne, die mittlerweile in mehrere Sprachen übersetzt und vom Verband offiziell anerkannt ist.

Weit imposanter als Altneuhaus muss die Burg **Schwarzenschwal** ausgesehen haben. Auch sie ist wohl unter Waldsassener Herrschaft aufgegeben worden. Vermutlich war die Festung bereits 1363 nicht mehr bewohnt. Historiker nehmen an, dass bei Bauarbeiten in der Falkenberger Burg Mauerteile davon verwendet worden sind. Ein gotischer Bogen im Altarraum der Burgkapelle soll zum Beispiel aus Schwarzenschwal stammen.

Am Butterfass sollen Ritter Kuno und seine Spießgesellen zu Stein erstarrt sein.

Eine Sage erzählt, dass sich am Tischstein einst Riesen zum Essen getroffen haben.

Erst vor einigen Jahrzehnten wieder entdeckt worden ist die Existenz von **Herrenstein.** Es soll sich um eine Turmburg an der Mündung des Gänsknickbachs in den Frombach gehandelt haben. Die Befestigung war zeitweise im Besitz der Leuchtenberger und des Klosters Waldsassen. Sie ist wahrscheinlich während der Hussitenkriege dem Erdboden gleichgemacht worden.

Sagenhafte Steinriesen

Viele Geschichten sind mit den bizarren Steinwelten am und im Fluss verbunden. Da ist zum Beispiel der Kammerwagen, der nie sein Ziel erreicht haben soll. Ein Burgfräulein der versunkenen Festung Schwarzenschwal soll auf dem Gefährt mit der gesamten Aussteuer zu ihrem Bräutigam unterwegs gewesen sein. Als der Kutscher wild fluchte, ließ der Teufel den Wagen in einer Furt zu Stein werden. Oder da ist das Butterfass, bei dem es sich um den Ritter Kuno von Falkenberg und sein Gefolge handeln soll. Nach einem Stoßgebet einer vor der wilden Horde flüchtenden Jungfrau sollen die Verfolger bei der Überquerung des Flusses erstarrt sein.

In einem unterirdischen Verlies der versunkenen Festung Altneuhaus schlummert angeblich ein großer Goldschatz, der nur während der Palmsonntagspassion gehoben werden kann. Am Kästümpel in unmittelbarer Nähe der einstigen trutzigen Burg soll während der Sonntagsmessen schaurige Musik

Tipp: Uferpfad und Blockhütte im Waldnaabtal

Das beliebteste Ziel im **Waldnaabtal** ist die bewirtschaftete Blockhütte. Sie ist für Wanderer und Radfahrer von beiden Seiten des Flusses aus gleich gut zu erreichen, da sie sich direkt an einer Brücke über die Waldnaab befindet. Zur idyllisch auf einer Rodungsinsel gelegenen Wirtschaft gehört ein wunderschöner, von stämmigen Kastanienbäumen beschatteter Biergarten. Ein Tipp ist es, eine Einkehr mit einer „Kletterpartie" über Stock und Stein auf dem etwa fünf Kilometer langen Uferpfad zu verbinden, der ganz in der Nähe beginnt. Der Talraum ist gut von den Parkplätzen bei Ödwalpersreuth, Tannenlohe und Falkenberg (Hammermühle) aus zu erreichen.

Die Blockhütte lädt im Waldnaabtal hungrige und durstige Wanderer und Radfahrer zur Einkehr ein.

zu hören sein. Ein Geiger ist nach der Überlieferung im 19. Jahrhundert ins Wasser gesprungen, um einem nach Ehestreitigkeiten ebenfalls dort aus dem Leben geschiedenen Falkenberger Bürgermeister in das Jenseits zu folgen und ihm die Ewigkeit zu verschönern. Verrufen sind die Höhen des Frombachs. Am Gänsknick soll ein Mönch keine Ruhe finden. An nebligen, düsteren Tagen kommt er immer wieder den Berg herab, um sich in der Nähe des Bächleins in Luft aufzulösen.

Riesen scheinen sich den acht Meter hohen Tischstein an der Waldnaab zurecht gerückt zu haben, um dort Brotzeit zu machen. Andere Felsformationen tragen klangvolle Namen wie „Amboss", „Flaschenbovist", „Nymphenstein", „Teufelssitz", „Rauchfelsen" und „Gletschermühle". Erkunden Sie selbst, warum.

Für Tier- und Pflanzenfreunde gibt es hier viel zu entdecken. An einsamen Tagen kann man die Jagd des Eisvogels bestaunen, der an sicheren Steilwänden nistet. Sein bläuliches, schillerndes Federkleid hat dem geschickten Taucher den Beinamen „Fliegender Edelstein" eingebracht. Der Volksmund nennt ihn wegen seiner spektakulären Tauchaktionen sowie der Bruthöhlen, die er in Steilwände gräbt, bisweilen „Eisenkeil". Auch die selten gewordene Wasseramsel geht im Tal auf Fischfang. Hoch oben in den Baumwipfeln verstecken sich Raufußkäuzchen. Die Felsklüfte bieten sogar dem vom Aussterben bedrohten Uhu einen Lebensraum. An ruhigen Abschnitten spiegeln sich die Farben der Gebänderten und Großen Prachtlibelle im klaren Wasser.

Nicht zu übersehen sind die Spuren des Bibers, der zurückgekehrt ist und wieder fleißig Burgen baut. Das klare Wasser im Bachbett ist zudem einer der letzten Lebensräume der Flussperlmuschel, die bei der Nahrungssuche mit den Kiemen das Wasser filtert und deshalb besonders sensibel auf Sauerstoffmangel und Verunreinigungen reagiert. Zum Überleben benötigt sie die selten gewordene Bachforelle als Wirt. Wer viel Geduld hat, kann an manchen Tagen an Altarmen und Tümpeln erleben, welch geschickte Schwimmerin die Ringelnatter ist, wenn sie sich auf die Jagd nach Fröschen, Fischen und Molchen begibt. Von Mai bis Juli spiegeln sich zudem in stehenden Gewässern die rosa-gelben Rosetten der Wasserfeder, die dem Sonnenlicht entgegenstrebt.

WALDLEHRPFAD SCHWEINMÜHLE

Bei Wanderern, Radfahrern und Spaziergängern gleichermaßen beliebt ist die wunderschön im romantischen Fichtelnaabtal gelegene Ausflugsgaststätte **Schweinmühle** in der Nähe von **Windischeschenbach.** Spielplatz, Streichelgehege, Badeteich, Grillplatz und ein privater Walderlebnispfad lassen beim Nachwuchs keine Langeweile aufkommen. Unter den Stationen des gut eineinhalb Kilometer langen privaten Walderlebnispfads befinden sich ein Waldklassenzimmer, ein Damwildgehege mit Aussichtskanzel sowie ein Waldlabyrinth. Der mehrfach ausgezeichnete Campingplatz bietet Platz für hundertdreißig Zelte beziehungsweise Caravans. Für Jugendgruppen gibt es einen eigenen Zeltplatz. Zur Schweinmühle gehören auch ein kleines Ausflugslokal mit Biergarten und ein Hofladen, in dem man Wurst- und Fleischwaren aus eigener Schlachtung kaufen kann.

Ein Ausflugstipp für Familien ist der Waldlehrpfad bei der Schweinmühle.

Tipp: Unterwegs auf dem Goldsteig

Mit dem Goldsteig führt einer der Top-Trails of Germany, der dreizehn schönsten Fernwanderwege Deutschlands, von Nord nach Süd durch den Nördlichen Oberpfälzer Wald. Die ungemein attraktive Wanderroute verbindet Marktredwitz mit Passau. Mit insgesamt sechshundertsechzig Kilometern ist dies der längste und vielseitigste Prädikatswanderweg Deutschlands.

Der Wanderweg Goldsteig ist mit einem goldenen „S" auf weißem Grund gekennzeichnet.

Beim wildromantischen **Waldnaabtal** erreicht der mit einer schwungvollen gelben Wegschleife gekennzeichnete Goldsteig den Nördlichen Oberpfälzer Wald. Die erste Etappe in diesem Naturpark führt von **Falkenberg** bis **Neuhaus**, ist 14,5 Kilometer lang und sehr leicht zu bewältigen. Dauer: etwa viereinhalb Stunden.

Ebenfalls ohne große Steigungen ist die zweite vorgeschlagene Tour zu bewältigen, die auf zweiundzwanzig Kilometern von **Neuhaus** bis nach **Oberhöll** in der Gemeinde **Theisseil** führt. Höhepunkte auf dem Weg vom Waldnaab- ins Hölltal sind die Lobkowitz-Schlösser und die Klosterkirche Sankt Felix in Neustadt a. d. Waldnaab sowie die romanische Kirche in Wilchenreuth. Hier ist man sechseinhalb Stunden unterwegs.

Mittelschwer und schaurig-schön ist die dritte Etappe vom **Hölltal** zur eindrucksvollen Burgruine **Leuchtenberg.** Länge: rund vierzehn Kilometer. Die Waldgebiete, die der Wanderer dabei unterwegs durchquert, sind sagenumwoben. Alte Bezeichnungen wie Mördergrube, Sargmühle, Wolfslohklamm und Teufelsbutterfass lassen an Geschichten aus längst vergangener Zeit denken. Dauer: rund fünf Stunden.

Die letzte Goldsteig-Etappe im Naturpark führt auf 21,5 Kilometern von **Leuchtenberg** nach **Tännesberg.** Highlight dieser Tour ist der Marsch durch das wunderschöne **Pfreimdtal** (mit traumhaftem Blick auf die geschichtsträchtige Burg Trausnitz, auf der von 1322 bis 1325 Friedrich der Schöne von Österreich festgehalten wurde). Gehzeit: rund sechs Stunden.

Noch ein Tipp: Es gibt zum Goldsteig zahlreiche attraktive Neben- und Zubringerwege, die mit einer blauen Wegschleife gekennzeichnet sind. Einen ausführlichen Tourenplaner findet man im Internet.

Museum in der Burg Neuhaus

Sowohl eine noch erhaltene als auch eine wieder aufgebaute Burg wachen an den „Toren" des Talraums. Im Süden steht die Feste Neuhaus. Das mächtige Geschlecht der Leuchtenberger hat das nachts wunderschön beleuchtete Denkmal als Verwaltungs- und Jagdschloss erbauen lassen. Unter Landgraf Ulrich I. wurde die Anlage um 1300 errichtet. Im Mittelalter wechselte sie oft den Besitzer. Die Burg war damals viel größer und der Turm hatte noch ein drittes Geschoss. Nach der Säkularisation verkleinerten ihn die Bürger, weil sie die Steine gut für andere Bauten brauchen konnten. Eine sieben Meter hohe Mauer und ein baufälliges Tor fielen 1870 der Spitzhacke zum Opfer.

1829 erwarb der Markt Neuhaus für sechshundertelf Gulden das Anwesen und machte daraus ein Schulhaus. Heute ist darin das **Waldnaabtalmuseum** des Oberpfälzer Waldvereins untergebracht, welches Exponate aus Geschichte,

Geschichte, Kunst, Kultur und Natur vereint das Waldnaabtalmuseum in der Burg Neuhaus unter einem Dach.

Der Turm der Burg kann während der Öffnungszeiten des Museums bestiegen werden.

Die Burg ist auf einem Felsen über dem Tal der Waldnaab erbaut.

Kunst, Kultur, Natur und Forschung beherbergt. Es spannt einen Bogen von Glaskunstwerken der Region bis hin zu Tierpräparaten. Seit kurzem sind im malerischen Ambiente der Burg auch Trauungen möglich. Die Windischeschenbacher Laienschauspielschar nutzt alljährlich die zauberhafte Kulisse vor dem alten Gemäuer, um Freilichtspiele zu veranstalten.

Der Turm kann zu den Öffnungszeiten des Museums bestiegen werden. Vom Ringwall führte einst eine Stiege in den ersten Stock. Das darunter liegende Erdgeschoss war das Verlies. Die Mauern sind drei Meter dick. Aufgrund seines Aussehens wird diese relativ seltene Bauform auch als „Butterfassturm" bezeichnet. Das frühere Wohngebäude stammt in seiner heutigen Form aus dem 17. Jahrhundert. Die Anlage war Sitz eines Richters. Das Kloster Wildsauen ließ von 1515 an dort Urteile fällen.

Am Nordeingang des Tals überragt die Burg Falkenberg den gleichnamigen Ort. Sie thront auf einem mächtigen Wollsack-Plateau aus Granit. Vermutlich ist die klassische Felsturmburg um das Jahr 897 erbaut worden. Die Festung war einst nur über eine Zugbrücke erreichbar. Die Nischen kann man noch erkennen. Trotzdem gelang es den Schweden im Dreißigjährigen Krieg, die mittelalterliche Anlage einzunehmen. Die Belagerer beschädigten sie stark und leiteten damit den Verfall ein. Im 20. Jahrhundert stoppte Friedrich Werner Graf von der Schulenburg den Niedergang. Er erwarb die Ruine und baute sie ab dem Jahr 1937 in der heutigen Form wieder auf.

1944 wurde der frühere Botschafter des NS-Regimes in Moskau hingerichtet, weil er mit der Widerstandsbewegung gegen Nazi-Diktator Adolf Hitler in Verbindung gebracht wurde. Die Erben verkauften die Burg 2009 an die Marktgemeinde Falkenberg, die sie behutsam saniert und dort ein Museum über Graf von der Schulenburg und ein Hotel eingerichtet sowie ein Kultur- und Tagungszentrum angegliedert hat.

„Zecher" folgen dem Stern

Einheimische und Gäste schätzen das Waldnaabtal noch aus einem anderen Grund. Das Gebiet ist das Zentrum des Zoiglbiers. Das Wasser für den süffigen Gerstensaft kommt zwar nicht mehr wie früher aus der Waldnaab, trotzdem ist vieles wie anno dazumal. Das unfiltrierte, trübe Getränk gibt es noch immer direkt vom Kommunbrauer. Abwechselnd füllen die Brauberechtigten in **Falkenberg, Neuhaus** und **Windischeschenbach** nach jahrhundertealten Geheimrezepten ihren eigenen Haustrunk in Fässer und Flaschen ab. Obwohl die Zoiglwirte immer nach dem gleichen Verfahren brauen, schmeckt jeder Sud etwas anders, da jeder Wirt auf eine eigene Mischung der Zutaten schwört. Zudem lässt das Verfahren im offenen Sudkessel auf dem knisternden Holzfeuer keine beständigen Temperaturen wie in Großbrauereien zu. Für die Nutzung der gemeinsam bewirtschafteten Kommunbrauhäuser zahlen die Wirte ein Kesselgeld, das mit einem Mitgliedsbeitrag vergleichbar ist.

Zoigl ist ein untergäriges Bier, das nach althergebrachter Weise hergestellt wird, natürlich streng nach dem bayerischen Reinheitsgebot aus dem Jahr 1516, dem ältesten Lebensmittelgesetz der Welt. In der offenen Sudpfanne wird über einem Holzfeuer die Maische – ein

ROUTE FÜR ZOIGLFANS

Für Radlfans ist eine eigene Zoiglroute ausgewiesen, die auf rund hundertfünfzehn Kilometern von Mitterteich über Falkenberg durch das Waldnaabtal über **Neuhaus** und **Windischeschenbach** nach **Eslarn** führt. Dort steht ebenfalls noch ein bewirtschaftetes Kommunbrauhaus.

Beim „Strehern" wird der Haustrunk ausgeschänkt. Auf dem Weg liegen weitere urige Zoigl-Schankstuben wie der „Waldhauser" und der nach einer früheren Seilerei benannte „Brucksaler" in **Neustadt a. d. Waldnaab** und der „Alte Pfarrhof" in **Altenstadt a. d. Waldnaab.**

Gemisch aus Wasser und Gerstenmalz – zuerst gekocht, dann gehopft und schließlich noch einmal erhitzt. Anschließend kommt der Sud in große Behälter zur offenen Gärung in den Keller. Dabei entweicht die Kohlensäure. Nach zehn Tagen füllen die Wirte das Bier in Fässer oder Tanks ab, in denen es einige Wochen ausreift. Wer Zoigl braut, muss viel Zeit mitbringen. Nicht Geschwindigkeit, sondern Qualität steht im Vordergrund. Für eine Mass Zoigl werden etwa zehn Liter Wasser benötigt.

Das Neuhauser Braurecht geht bis in das Jahr 1415 zurück. Nach der Überlieferung hat Landgraf Johann III. von Leuchtenberg am 13. Dezember jenen Jahres das Brau- und Schankrecht vergeben. Nur unwesentlich jünger ist die Windischeschenbacher Erlaubnis. Sie ist 1455 verbrieft worden.

Gebraut wird nicht nur für den Eigenbedarf. Jeder, der Lust und Durst hat, ist eingeladen, mit den Zoiglwirten in urigen Stuben anzustoßen. Wenngleich die meisten Schankstuben mittlerweile kleinen Gasthäusern ähneln, geht es doch noch urig und gemütlich zu. Bei einigen Wirten dürfen die Gäste bei besonders großem Andrang noch immer in der Küche oder in einer anderen bewohnten Stube Platz nehmen. Besonders zünftig wird es in den nach alten

Eine Einkehr in einer Zoiglwirtschaft ist ein Muss beim Besuch im Nördlichen Oberpfälzer Wald.

Tipp: Zum Gast im Schafferhof in Neuhaus

Die bekannteste und auch größte Zoiglwirtschaft des Nördlichen Oberpfälzer Waldes ist der **Schafferhof** der Familie Fütterer in **Neuhaus,** zu dem auch ein kleiner Kinderspielplatz gehört. Bei schönem Wetter ist rund um den alten Wirtschaftshof Biergartenbetrieb. Auf der urigen Zoigltenne des um 1300 von den Leuchtenbergern erbauten ehemaligen Wirtschaftshofs der Burg Neuhaus gibt es auch ein tolles Kulturprogramm, das sich von Bluesabenden mit Willy Michl bis hin zu Schauspielvorführungen mit

Deftige Brotzeiten gehören beim Zoigl dazu.

Stücken von Ludwig Thoma erstreckt. Der Schafferhof ist übrigens auch das Hauptquartier der „Altneihauser Feierwehrkapell'n". Wundern Sie sich also nicht, wenn Sie einige der schrägen Gestalten plötzlich unter den Gästen entdecken.

Haus- oder Spitznamen wie „da Roude", „Posterer", „Gloser", „Keckn", „Teicher", „Binner" und „Schoilmichl" genannten Schankstuben, wenn jemand die „Quetschn", „Klampfn", Teufelsgeige oder ein anderes Instrument hervorholt. In den Zoiglstuben ist echte bodenständige Volksmusik zu Hause. Spontanität ist Trumpf.

Ein über die Haustür gehängter sechszackiger Stern zeigt, wo es gerade Zoigl gibt. Die Zacken des Zunftzeichens stehen für die Brauelemente Feuer, Wasser und Luft sowie die Zutaten Wasser, Malz und Hopfen. Der Stern ist der Namensgeber für den Namen des ungemein süffigen Biers. Mundartlich ausgedrückt „zoigt" der Stern an, wer gerade mit dem Ausschank dran ist.

Wer zum Zoigl geht, sollte wissen: Hier gibt es keine Standesunterschiede, das vertraute „Du" kommt auch bei Fremden leicht über die Lippen. Es ist durchaus erlaubt, sich über Tische hinweg in die Gespräche anderer einzumischen.

Und sagen Sie ruhig ja, wenn Ihnen der Wirt zum Schluss noch einen „Pfief" anbietet. Dabei handelt es sich nicht um einen Anpfiff, sondern um ein halbvoll eingeschänktes Glas. Alteingesessene schreiben dem Zoigl sogar gesundheitsfördernde Wirkung zu. Manch einer behauptet, dass ihm eine dreitägige Zoiglkur nicht nur über Liebesschmerz, sondern auch über Halsweh, Schnupfen und andere Leiden hinweggeholfen hat. Die Stuben haben nur von Freitag bis Montag oder bis Dienstag offen.

Seit 2018 ist die Oberpfälzer Zoiglkultur nach der Unesco-Konvention als Immaterielles Kulturerbe in Deutschland anerkannt. Dem echten Zoigl ist auch eine Brunnenreihe in den fünf Kommunbrauorten **Windischeschenbach, Neuhaus,** Falkenberg, **Eslarn** und Mitterteich gewidmet, welche mit unterschiedlichen Skulpturen einen Bogen vom Brauen bis zum Ausschank des Kommunbiers spannt.

Es lohnt sich durchaus, einen Zoiglabend mit einem kleinen Ortsrundgang zu verbinden. Vor allem die Gotteshäuser sind sehr sehenswert. Die Kirche Sankt Emmeram in **Windischeschenbach** geht zum Beispiel auf einen romanischen Sakralbau zurück. Die Stadt hat zudem mit der Stützelvilla ein ungewöhnliches Baudenkmal im Jugendstil zu bieten. Das zur Außenstelle des Landesamts für Digitalisierung umgebaute Denkmal kündet von längst vergangenen Glanzzeiten der Glas- und Porzellanindustrie. Auch die Porzellanstraße hält die Erinnerung daran wach. Zur Villa gehört ein wunderschöner Park mit alten Laubbäumen. Die Kirche in Neuhaus ist der heiligen Agathe geweiht.

Einst Dorado für Wölfe

Der „kleine Bruder" des Waldnaabtals ist das **Lerautal** in der Nähe von **Leuchtenberg:** ein idealer Platz, um Zwiesprache mit der Natur zu halten. Das gut neunzig Hektar große Naturschutzgebiet, das sich zwischen zwei ehemaligen Mühlen ausbreitet, ist noch immer ein Geheimtipp. Naturliebhaber und Romantiker kommen voll auf ihre Kosten. Auf schmalen Steigen geht es entlang des Bachlaufs über Stock und Stein. Auch dort gibt es ein „Teufelsbutterfass". An dieser Stelle soll ein Landgraf von Leuchtenberg mit dem Leibhaftigen einen Händel getrieben haben.

Genauso bekannt ist die wildromantische Wolfslohklamm direkt am Fluss. Mit einer klassischen Gebirgsklamm hat diese Felsformation nichts zu tun. Der Platz mit seinen Farnwedeln, Felsen und bemoosten Baumriesen soll früher von einem Wolfsrudel bewohnt worden sein. Er wurde deshalb von Menschen gemieden. Eine Wanderung mit Gänsehautgefühl ist also garantiert.

oben:
In abgestorbenen Bäumen erwacht neues Leben.

unten:
Das Lerautal bei Leuchtenberg wird oft als „kleiner Bruder" des Waldnaabtals bezeichnet.

Schauriges Felsenwirrwarr

Eine faszinierende Steinwelt trifft der Wanderer auch am **Doost**. Dort türmen sich meterhoch mächtige Granitblöcke über einem in der Tiefe sanft dahinplätschernden Bächlein auf. Das Wasser ist bisweilen vor den Blicken verborgen. Nur leises Gurgeln verrät, dass es da ist. Von den abgeschliffenen Kanten des Gesteins wuchern grüne Moosteppiche in die Ritzen und Spalten. An den Hängen wiegen sich im Frühjahr die weißen Blütenbecher der Maiglöckchen im Wind. Hier und da strebt der seltene Tüpfelfarn, auch „Engelsüß" genannt, aus Klüften dem Sonnenlicht entgegen.

Kaum zu glauben, dass der kleine Wasserlauf, der sich teilweise drei Meter unter den Felsen unsichtbar seinen Weg bahnt, selbst dieses etwa fünfhundert Meter lange Blockmeer geschaffen hat. Das Bächlein arbeitete sich im Laufe der Jahrtausende Zentimeter um Zentimeter in die Tiefe und schuf ein mystisches Stillleben. Geologen gehen davon aus, dass während der Eiszeiten die großen Blöcke langsam talabwärts gewandert sind. Die uralten Strudellöcher werden nur noch von Niederschlagswasser gefüllt. Selbst bei einem Jahrhunderthochwasser erreicht die Girnitz sie nicht mehr.

Zur Schneeschmelze kann der Wanderer an manchen Tagen noch erahnen, wie der Doost zu seinem Namen gekommen ist. Dann weicht ab und zu das sanfte Gurgeln und Plätschern in der Tiefe einem kleinen „Tosen".

Schaurige Sagen werden mit dem Felsenwirrwarr in Verbindung gebracht. So soll der Doost früher eine heidnische Opferstätte gewesen sein. Ein christlicher Missionar sollte mit Hilfe des Teufels vergiftet werden. Doch als ein helles

WANDERUNG ZUM DOOST

Von **Neustadt a. d. Waldnaab** aus ist ein wunderschöner Wanderweg ausgewiesen, der durch das Naturschutzgebiet **Doost** führt. Die mit einem blauen Kreuz auf hellem Grund gekennzeichnete Strecke ist zwölf Kilometer lang und verbindet die kleinste Kreisstadt Bayerns mit dem uralten Marktflecken **Floß**. Der Doost ist übrigens das älteste Naturschutzgebiet der Oberpfalz.

Kreuz in den Wolken erschien, stürzte der Gehilfe des Bösen von einem Felsen in die Tiefe. Der Stein wird, wie sollte es anders sein, ebenfalls „Teufelsbutterfass" genannt. Wer genau hinsieht, kann auf dem Felsen noch den eingebrannten Abdruck des Leibhaftigen sehen. Das Blockmeer soll auch einer jener schaurigen Plätze sein, von der die „Wilde Jagd" über das Land hereinbricht, um Angst und Schrecken zu verbreiten. Am schnellsten ist der Doost über **Diepoltsreuth** zu erreichen.

oben:
Zwölf Stationen gibt es auf dem Findlingsweg zu entdecken.

unten:
Ein Holzsteg führt in der Nähe von Diepoltsreuth über das Felsenwirrwarr des Doosts.

FLOSSER FINDLINGSWEG

In den **Doost** führt auch der Findlingsweg in **Floß,** einer der ungewöhnlichsten Rundwanderwege im Naturpark. Er beginnt am Kreislehrgarten und führt auf einer Streckenlänge von etwa sieben Kilometern vorbei an Wiesen und Feldern, Wäldern, Bächen, Stillgewässern sowie alten Hofstellen. Das Urgestein aus dem Schoß der Erde erzählt dabei nicht nur seine Geschichte, sondern auch die der Menschen in der Region. Stationen wie „Herausfinden", „Zurückfinden" und „Heimfinden" laden zum inneren Dialog mit der Landschaft und ihrer Geschichte ein. Unter den zwölf Stationen sind auch geschichtsträchtige Plätze wie der Aussichtspunkt „Lug ins Land" und der frühere Galgenplatz. Wer sich auf den von den Flosser Bürgern selbst initiierten Besinnungsweg einlässt, erkennt schnell, wie „steinreich" die Menschen hier sind. Man sollte für den Weg mindestens dreieinhalb Stunden einplanen. Bitte beachten: Auf der Strecke zwischen Gollwitzer-Hof und im Doost ist Trittsicherheit erforderlich.

Der Gustav-von-Schlör-Platz am Unteren Tor wurde früher auch als Lederervorstadt bezeichnet, weil hier viele Gerber ansässig waren.

In der Stadt des Komponisten Max Reger

Nein, hohe Stöckel und Pfennigabsätze sind nicht immer das richtige Schuhwerk für diesen Ausflug in die **Weidener** Altstadt. Dort ist die Kopfsteinpflasterzeit zurückgekehrt. Vieles ist wieder wie anno dazumal. In den malerischen Gässchen gibt es viele verträumte Winkel. Wilder Wein rankt sich an bunten Hausmauern in die Höhe und Kletterrosen recken ihre Blüten der Sonne entgegen. Hoch vom Dach des Alten Rathauses blicken Weißstörche auf das geschäftige Treiben auf dem Marktplatz. Die zarten Farben der hübschen Ackerbürgerhäuser bieten ein malerisches Bild.

In der „guten Stube" von Weiden herrscht nicht nur an schönen Sommertagen südländisches Flair. Und wirklich, hier beginnt der Frühling etwas eher und ist der Winter etwas kürzer als in den meisten anderen Orten des Naturparks. Grund dafür ist die ungewöhnliche Lage der Stadt. Wie das Wasser in einer Bucht schmiegt sich das Häusermeer an die abgeschliffenen, sanft aufsteigenden Höhen des einstigen Hochgebirges. Im Laufe der Jahrmillionen wurde das Weidener Becken fast dreitausend Meter hoch mit Ablagerungen gefüllt. Fachleute schätzen, dass die Stadt auf etwa zweihundertachtzig Millionen Jahren alten Erdschichten erbaut ist. Bei Bohrungen beim Bau der Weidener Thermenwelt stießen die Fachleute sogar auf Erdöl, allerdings in nicht förderfähigen Mengen. Das große Erlebnisbad ist ein Tipp für Schlechtwettertage.

Das Untere Tor ist ein Überbleibsel der alten Stadtmauer von Weiden i. d. OPf.

Max Reger – der berühmteste Sohn der Stadt Weiden

Die zauberhafte Altstadt hat große Künstler inspiriert, darunter Max Reger, den berühmtesten Sohn der Stadt. Auf Schritt und Tritt stößt man in der Innenstadt auf seine Spuren. Reger wurde am 19. März 1873 in Brand im Fichtelgebirge geboren. Schon im zarten Alter von gut einem Jahr kam er nach Weiden. Sein Vater, Joseph Reger, ein Königlicher Seminarlehrer, wurde an die Weidener Präparandenschule versetzt. Der kleine Maxl besuchte in Weiden die Volks-, Real- und Präparandenschule. Mit fünfzehn Jahren komponierte er 1888 sein Erstlingswerk: eine Ouvertüre in h-Moll für Orchester und Klavier. Diese Noten sind leider nicht mehr vorhanden. Reger, der immer wieder von Selbstzweifeln geplagt wurde, hat sie selbst verbrannt.

Romantische und ausdrucksvolle Walzer, Humoresken, Fantasie- und Charakterstücke, Kammermusik sowie Lieder hat Reger in Weiden komponiert. Als er als Universitätsmusikdirektor am 11. Mai 1916 in Leipzig starb, hatte er zwei Ehrendoktortitel und war Hofrat. Eine umfangreiche Sammlung im Kulturzentrum erinnert an sein Werk und sein Leben. In den Ausstellungsräumen hielt sich Max Reger unzählige Male persönlich auf, da er dort von seinem Lehrer und späteren Freund Adalbert Lindner Musikunterricht bekam. Auf der Orgel der **Michaelskirche** hat der große Komponist seine bedeutendsten Werke komponiert. Deshalb ist beim Einbau eines neuen Instruments in das Gotteshaus im Jahr 2006 nicht gekleckert, sondern geklotzt worden.

Die Orgel mit dem seltenen deutsch-romanischen Klangbild besitzt 3.659 Pfeifen, die speziell auf Regers Werke abgestimmt sind. Ein Konzert in Sankt Michel ist damit ein einzigartiger Kunstgenuss, den man sich nicht entgehen

ALTSTADT-FÜHRUNGEN

Wer die **Altstadt** nicht auf eigene Faust erkunden will, kann auch an neunzigminütigen **Stadtführungen,** die von Mitte April bis Mitte Oktober samstags angeboten werden, teilnehmen. Treffpunkt ist immer um 10 Uhr vor dem Alten Rathaus. Gruppen haben die Qual der Wahl. Es gibt unterschiedliche Themenbereiche, darunter eine Märchen- und Sagenführung für Kinder sowie einen Rundgang auf den Spuren von Max Reger. Auch Besteigungen des Turms von Sankt Michael sind möglich.

Das Alte Rathaus ist eines der bekanntesten Wahrzeichen der Stadt Weiden.

lassen sollte. Das letzte Wohnhaus der berühmten Familie steht ganz in der Nähe in der Bürgermeister-Prechtl-Straße 31. Eine Tafel erinnert dort an den großen Sohn, nach dem auch das Kongresszentrum und der Stadtpark benannt sind. Nicht nur wegen des **Max-Reger-Denkmals** lohnt sich ein Parkspaziergang. In der „grünen Lunge" von Weiden gibt es allerhand zu entdecken, darunter einen kleinen Vogelzoo sowie ein Wasseratrium.

Weiden ist wirtschaftlicher und kultureller Mittelpunkt der nördlichen Oberpfalz. Jeder Naturpark-Besucher sollte zumindest einmal in der „Bucht vor Anker gehen" und dafür nicht zu wenig Zeit einplanen. In der knapp 43.000 Einwohner zählenden kreisfreien Stadt gibt es viel zu entdecken. Ein absolutes Muss ist ein Besuch der zauberhaften historischen Altstadt. Die „Kopfsteinpflasterwelt" vereint Kultur, Geschichte und Natur zu einer zauberhaften Symbiose. Es finden dort unter anderem Max-Reger-Wochen, Literaturtage, Bayerisch-Böhmische Kultur- und Wirtschaftstage, Serenaden sowie jede Menge Konzerte, Ausstellungen und Lesungen statt.

Aus einem langen Dornröschenschlaf geweckt

Der alte Kern ist mit aufwändigen Sanierungsmaßnahmen Mitte der 80er Jahre des 20. Jahrhunderts aus einem langen Dornröschenschlaf geweckt und in eine Fußgängerzone verwandelt worden. Der wunderschöne historische Stadtplatz ist wie früher von hübschen, im Kern gotischen Bürgerhäusern mit schmucken

Der Triton-Brunnen im Max-Reger-Park zeigt die griechische Meergottheit Triton mit ihrem menschlichen Oberkörper und dem fischartigen Unterleib.

Ein beliebtes Fotomotiv sind die Renaissance-Giebel in der Weidener Altstadt.

Renaissance-Giebelaufbauten gesäumt und von zwei Toren begrenzt. Die Erbauer der Markthäuser waren vielseitig. Sie hatten nicht nur eine Landwirtschaft, sondern gingen gleichzeitig noch einem Handwerk nach. Die Aufteilung in verwinkelte Vorder- und Rückgebäude sowie viele Straßennamen lassen diese Doppelnutzung der Ackerbürgerhäuser gut nachvollziehen.

Blickfang des um 1300 angelegten Straßenmarktes ist das von 1539 bis 1548 vom Weidener Baumeister Hans Nopl errichtete **Alte Rathaus.** Der Frührenaissancebau ist auf den Grundmauern des Vorgängerbaus errichtet und beherbergt das Kultur- und Fremdenverkehrsamt. Außerdem finden im historischen Rathaussaal die standesamtlichen Trauungen statt. Mitten durch das Gebäude plätscherte früher ein kleiner Wasserlauf. Mit Baumreihen und Vertiefungen haben die Altstadtplaner den einstigen Verlauf des Rehmühlbachs nachempfunden. Er lieferte den Bürgern Brauch- und Löschwasser. Einer alten Sage nach spukte es am Stadtbach: Alljährlich am Heiligen Abend erschien am Pfarrplatz eine weiße Frau und reinigte Windeln. Der Volksmund erzählt, dass sie keine Ruhe fand, weil sie zu Lebzeiten die Christmette wegen der Wäsche geschwänzt hatte.

Auf der Ostseite des Rathaustores war der Pranger angebracht. Halseisen und Standplatte sind noch erhalten. Der ungewöhnlich lange Turm war im Mittelalter ein Zeichen besonders freiheitlicher Rechte der Bürger. Von einem Glockenspiel erklingen täglich um 11.30 und 16.30 Uhr bekannte Volksweisen. Ein Mosaik am Westgiebel des Rathauses weist auf die erste urkundliche Nennung der Stadt im Jahr 1241 hin. Das Kunstwerk von Eduard Götz zeigt den Hohenstauferkönig Konrad IV., den Abt von Speinshart und den Landrichter von Eger bei der Unterzeichnung der Urkunde. Der König sammelte damals sein Heer, um gegen die vorrückenden Mongolen in den Kampf zu ziehen. Die Freitreppe und der benachbarte Vorbau sind Anfang des 20. Jahrhunderts angegliedert worden. Beachtung verdienen auch das neugotische Laternenmännchen beim Eingang, eine Waage und eine Hand mit Münzen als Zeichen der Rechtsprechung und Steuerpflicht genauso wie das ungewöhnliche Relief zur Erinnerung an den Zweiten Weltkrieg. Nicht der Mann an der Front, sondern die Frau am heimischen Pflug ist in den Mittelpunkt gerückt.

Zwei Eisenstäbe am Fuße des Rathausturms zeigen den „Weiteren Schuh" und die „Weidener Dop-

Von einem Glockenspiel am Alten Rathaus erklingen zwei Mal täglich bekannte Volksweisen.

THERMENWELT MIT SCHNECKENHAUS

Ein Tipp für Schlechtwettertage ist im Naturpark die **Weidener Thermenwelt (WTW).** In der Bade- und Saunawelt mit Riesenwasserrutsche und Außenbereich vergeht die Zeit wie im Flug. Eine ungewöhnliche Attraktion ist das Schneckenhaus im Saunagarten. Es handelt sich dabei um einen schneckenförmigen Raum mit normalen Liegen, Hängeliegen, Hängesessel, Wasserfall und Birkenstämmen – Gefühl von Geborgenheit in der Natur garantiert.

Mittwochs und Samstags ist in Weidens Altstadt Bauernmarkt.

Auch zur Weihnachtszeit hat die Altstadt ihre Reize. Der Christkindlmarkt ist bereits 1576 urkundlich erwähnt.

pelelle". Diese alten Maße weisen auf die lange Markttradition der Stadt hin. Der Wochenmarkt und große Jahrmärkte sind schon im 14. Jahrhundert erwähnt. Alljährlich am dritten Fastensonntag ist Mittfastenmarkt, am dritten Sonntag nach Ostern Jubilatemarkt, am ersten Sonntag im August Jakobimarkt, am Sonntag nach dem 1. Oktober Michaelimarkt und am Sonntag vor dem ersten Advent Kathreinmarkt. Zudem hat die Stadt einen der ältesten Weihnachtsmärkte der Region. Der Christkindlmarkt ist schon 1576 urkundlich bewiesen.

Zwei mal pro Woche großer Bauernmarkt

Jede Woche zwei Mal – samstags und mittwochs – treffen sich Land- und Teichwirte aus der Region zum **Bauernmarkt** in der „guten Stube", um Gurken, Salate, Tomaten, Zucchini, Gewürze, Fleisch- und Wurstwaren, Geräuchertes, Bauernbrote, Enten, Hühner und Gänse, Käse, Karpfen, Forellen, Liköre, Schnäpse, Honigprodukte, Marmeladen, Blumen und vieles andere mehr anzubieten: ein farbenprächtiges Bild. An eine Reihe von Erzeugern hat der Nördliche Oberpfälzer Wald für naturreine Produkte das Gütesiegel „Weil's uns und der Natur gut tut" verliehen, darunter für Bockshornklee-Käse, Fichtenspitzen-Gelee und Löwenzahn-Sirup. Erkennbar sind diese Produkte am Naturpark-Logo auf dem Etikett.

Blick vom Turm der Kirche St. Michael über die Dächer der Weidener Altstadt.

Einheitlich gestaltetes Altstadtensemble

Kulisse für die Märkte bildet das einheitlich gestaltete **Altstadtensemble.** Grund für Letzteres waren große Brände. 1536 und 1540 versank der Stadtplatz gleich zwei Mal in Schutt und Asche. Anschließend wurden die Häuser in der Frührenaissance komplett neu aufgemauert. Eine Sage erzählt, dass der Weidener Ratsdiener den ersten Brand durch eine Geistererscheinung kommen sah: Er wurde durch ein Missgeschick im Rathaus eingeschlossen und übernachtete im Turmstüberl. Als er um Mitternacht erwachte, tagten im Sitzungssaal längst verstorbene Ratsherren. Sie beklagten die fehlende Gottesfürchtigkeit vieler Bürger und kündigten als Strafe eine Feuersbrunst am Laurentiustag an. Als die Geister den Lauscher bemerkten, verfluchten sie ihn. Er solle aus der Ferne das Unglück am Boden liegend mitansehen müsse. Falls er vorher darüber spreche, werde er sterben. Aus Angst schwieg der Ratsdiener eisern. Aber er rettete sich und seinen Sohn dadurch, dass er am Tag des Unglücks mit ihm unter einem Vorwand die Stadt verließ. Der Wagen verunglückte und der Ratsdiener musste darunter eingeklemmt mit ansehen, wie sein geliebtes Weiden in Flammen aufging.

Der neue Baustil war zur Zeit des Wiederaufbaus noch nicht ganz ausgereift. Dies ist an den Gebäuden mit den Nummern 25, 27 und 29 beim **Unteren Tor** zu erkennen, in denen sich in den Giebelaufbauten die Renaissance mit der Gotik vermischt hat. Ein Schlussstein mit Furcht einflößender Fratze an einem gotischen Bogen am Unteren Tor erinnert einer Sage nach daran, dass eine teuflische List geholfen hat, die Schweden vor den Toren der Stadt zu vertreiben. Demnach legten die Weidener während einer Belagerung am Tor eine Leiter an und ließen einen dürren Schneider in einem Ziegenfell über die Mauer blicken. Die Schweden glaubten, dass die Weidener mit dem Teufel im Bund seien und flohen.

Überragt wird der Stadtplatz von der evangelischen Kirche **Sankt Michael,** die schon allein wegen des prächtigen Altars sowie der neuen Reger-Orgel einen Besuch wert ist. Der Sakralbau steht auf den Mauern der Weidener Urkirche. Das Anfang des 15. Jahrhunderts errichtete Gotteshaus ist nach den großen Stadtbränden grundlegend verändert worden. Im Dreißigjährigen Krieg begann eine Barockisierung. Bei der Wiedererrichtung des 1759 eingestürzten Turms, bei dem der Türmer und zwei Gesellen ums Leben kamen, sollen unter anderem auch Steine der Burg von Parkstein eingebaut worden sein. Bis zum Jahr 1534 befand sich bei der Kirche auch der Friedhof. Ein mittelalterliches Lichthäuschen aus Granit erinnert an einer Passage daran.

Direkt neben der Kirche steht das nach einem Bürgermeister benannte **Kulturzentrum Hans Bauer.** Das imposante Gebäude ist im 16. Jahrhundert als

EISENBAHNMUSEUM

Zumindest für die Kleinen ist Weiden noch immer eine große **Zugstadt.** Ein mehrfach ausgezeichnetes Eisenbahnmuseum mit Miniaturlokomotiven hält die Erinnerung an die große Zeit der „Bahnerer" wach. Zur sechsundzwanzig Quadratmeter großen Modellbahngroßanlage mit über zwei Dutzend Zügen in der ehemaligen Bahnmeisterei gehören auch ein Freigelände, eine begehbare Vitrine in einem ehemaligen Bahnpostwagen sowie eine umfangreiche Bibliothek.

Ein Museum hält die Erinnerung daran wach, dass die Stadt eine große Eisenbahnvergangenheit hat.

Die Stadtmauer ist ein Lebensraum für Spezialisten.

Das Obere Tor ist Anfang des 20. Jahrhunderts neu gebaut worden. Es stecken darin noch Reste eines Torturms aus dem 13. Jahrhundert.

Almosenhaus von der Tuchmacherzunft errichtet worden. Später waren darin Schulen untergebracht. Heute beherbergt das Haus Stadtmuseum, Stadtarchiv, eine Galerie mit wechselnden Ausstellungen sowie die Max-Reger-Sammlung.

Das **Obere Tor** in der Nähe der Michaelskirche ist ein Neubau aus der Zeit Anfang des 20. Jahrhunderts. Es grenzt direkt an das Vesten-Haus an, dem einstigen Amtssitz des Gemeinschaftsamtes Parkstein-Weiden (heute Apotheke). Pfalzgraf Friedrich residierte von 1585 bis 1593 in diesem Haus. Seine beiden Schwägerinnen, die Fürstinnen von Liegnitz, sind in der evangelisch-lutherischen Kirche Sankt Michael bestattet. Am westlichen Chorbogen des Kirchleins **Sankt Sebastian** vor den Toren der Altstadt erinnert ein Renaissance-Grabstein an die 1590 in Weiden gestorbenen Zwillingskinder des Pfalzgrafen.

Erhalten sind auch noch Teile der Stadtmauer mit Wehrgang. Weiden war zudem von einer weiteren Stadtmauer umgeben. Bei der Belagerung im Jahr 1634 rissen die Bürger diesen Schutzring im Dreißigjährigen Krieg selbst nieder, um freies Schussfeld zu haben. An diese zweite Mauer erinnert nur mehr der 1694 neu erbaute **Flurerturm,** Dienstsitz des städtischen Flurwächters. Nach dem Rundbau haben sich die Weidener Turmschreiber benannt: Hobbypoeten und -autoren, die gemeinsame Lesungen veranstalten und Schriften herausgeben.

Den stattlichen Bau neben dem Flurerturm hat das einflussreiche Kloster Waldsassen von 1739 bis 1742 vom bekannten Nordoberpfälzer Baumeister Frater Jakob Philipp Muttone für die Getreideabgaben der Bauern errichten lassen. Das Gebäude wird noch immer wenig liebevoll **Waldsassener Kasten** genannt.

Später war es staatliches Forstamt, Bezirksgericht, Gefängnis, Landgericht und Fachoberschule. Mitte der 80er Jahre des 20. Jahrhunderts wurde das marode Gebäude für fünfeinhalb Millionen Mark saniert und so vor dem Verfall gerettet. Seitdem sind dort das nach Entwürfen international anerkannter Designer gestaltete **Internationale Keramikmuseum** und die **Regionalbibliothek** untergebracht: ein Tipp für Schlechtwettertage.

Weidener Porzellan geht in alle Welt

Das Keramikmuseum ist eine Hommage an den Produktionsstandort Weiden. Seit über hundert Jahren wird hier schon hochwertiges Porzellan hergestellt. Mit den Firmen Seltmann und Bauscher hat die Stadt zwei Betriebe von Weltruf in ihren Mauern. Die Sacher-Torte im berühmten gleichnamigen Hotel-Café in Wien wird ebenso auf Weidener Porzellan serviert wie die Imbisse im VIP-Bereich der Fußballarena Borussen-Park in Mönchengladbach oder die exquisiten Speisen im 321 Meter hohen Burj Al Arab in Dubai, dem teuersten und höchsten Hotelbau der Welt. Es ist nicht nur eine Redensart, dass ein Weidener im Ausland vor dem Servieren der Speisen den Teller umdreht, um zu sehen, woher das Porzellan stammt. Nicht nur Spötter bezeichnen dies als „Weidener Griff".

Im Museum werden nach einem „rollierenden Prinzip" im mehrjährigen Turnus viele Ausstellungsstücke ausgewechselt, sodass sich immer wieder einmal ein Besuch lohnt. Sechs bayerische Staatsmuseen beliefern das sich über zwei Geschosse und rund tausend Quadratmeter erstreckende Museum mit Exponaten, darunter das Bayerische Nationalmuseum, die Staatliche Sammlung Ägyptischer Kunst und die Prähistorische Sammlung. Natürlich gibt es auch zauberhafte Produkte von Bauscher, Seltmann und anderen regionalen Herstellern zu bewundern. Zu sehen ist zudem eine kostbare Sammlung chinesischen Porzellans: eine private Stiftung der Weidener Unternehmersgattin Maria Seltmann.

In der Bücherei im anderen Trakt des „Waldsassener Kastens" sind nicht nur über hunderttausend Bücher, Ton- und Filmträger untergebracht, sondern auch ein kleines

Sechs bayerische Staatsmuseen beliefern das Internationale Keramikmuseum mit Exponaten.

Der „Waldsassener Kasten" beherbergt heute neben der Regionalbibliothek auch das Internationale Keramikmuseum.

Lesecafé. In regelmäßigen Abständen gibt es Vorlesestunden für die Kleinen. Das zauberhafte Ambiente ist auch Schauplatz von Konzerten und neuerdings auch Theatervorstellungen.

Auf dem Rathaus ein uraltes Storchengeschlecht

Ob Sie's glauben oder nicht: Die Innenstadt hat selbst für Naturfreunde einiges zu bieten. Da ist zum Beispiel das Weißstorchpärchen, welches alljährlich auf dem Alten Rathaus nistet. Die Weidener „Adebars" sind ein uraltes Storchengeschlecht und bereits 1576 urkundlich erwähnt. Und hoch oben auf der Kirche Sankt Michael ist unterhalb der Zwiebelspitze in einer kleinen ovalen Nische die Kinderstube eines rotbraun gefiederten Turmfalkenpärchens. In den Natursteinmauern kämpfen außerdem Kleinfarne, Flechten, Moose, Kräuter und andere Minimalisten wie Breitwegerich und Mauerpfeffer ums tägliche Überleben.

GOLDENE STRASSE

Weiden ist auch eine Station auf dem **Wanderweg Goldene Straße,** der auf einer Länge von rund neunzig Kilometern Sulzbach mit **Bärnau** verbindet. Die mit einem Löwen gekennzeichnete Tour erinnert an die historische Handelsstraße von Nürnberg nach Prag. Stationen im Naturpark sind unter anderem **Kohlberg** und **Neustadt a. d. Waldnaab.**

Auf diese und andere Besonderheiten macht der **Stadtökologische Lehrpfad** aufmerksam, der beim Neuen Rathaus beginnt. Der Rundkurs, der ständig erweitert wird, eröffnet ungewöhnliche Einblicke in die Stadt- und Sozialgeschichte. Er erzählt zum Beispiel, wie die Bürger verhindern, dass die Tauben in der „guten Stube" zur Plage werden und warum es so viele Kopfweiden rund um die Altstadt gibt. Die Bäume wurden unter anderem für Handwerker gepflanzt, die aus den Ruten Körbe und andere Flechtwaren herstellten. Die Weide, die der Stadt ihren Namen gegeben hat, ist einer der insektenreichsten Bäume Mitteleuropas. Über hundertachtzig Tierarten leben im Schnitt auf jedem Gehölz. Machen Sie doch einmal selbst einen Versuch, wie viele davon Sie entdecken.

Der Lehrpfad lotst auch etwas außerhalb der Altstadt zu alten Backsteinhäusern an der **Nikolaistraße.** Sie sind stumme Zeugen der großen Eisenbahn-Vergangenheit der Stadt, an die noch eine alte Dampflok ganz in der Nähe erinnert. Dem Mann, der die Eisenbahn einst nach Weiden geholt hat, Gustav von Schlör, ist der östliche Vorplatz vor dem Unteren Tor zur „guten Stube" gewidmet. Unter einer mächtigen Stieleiche steht dort seit 1885 das Denkmal mit der Marmorbüste des bayerischen Handelsministers, der 1863 Weiden an das Eisenbahnnetz anschließen ließ.

ⓘ WANDERPARADIES

Ein beliebtes Wandergebiet sind die herrlichen Bergmischwälder auf dem 633 Meter hohen **Fischerberg,** dem Hausberg der Weidener. Wahrzeichen des Höhenzugs am Stadtrand ist der hundertachtzehn Meter hohe Fernmeldeturm Geisleite. Ganz in der Nähe befinden sich mit dem nach einem Vorsitzenden des Oberpfälzer Waldvereins benannten fünfundzwanzig Meter hohen Vierlingsturm und der Strobelhütte die zwei beliebtesten Ziele in diesem Wanderparadies. Der Burgenweg des Oberpfälzer Waldvereins und der Qualitätswanderweg Goldsteig führen dort vorbei. Wer dort einkehren will, sollte sich vorab informieren: Die Hütte ist nur an bestimmten Wochentagen geöffnet.

Hausberg der Weidener ist der Fischerberg. Ein beliebtes Wanderziel ist dort die Strobelhütte mit dem Vierlingsturm.

Eine der schönsten Jugendstilkirchen

Ein weiteres Wahrzeichen der Stadt ist die katholische **Josefskirche**. Die vierundsechzig Meter hohen mächtigen Spitztürme überragen die Altstadt. Die in nur achtzehn Monaten Bauzeit 1900/1901 errichtete Stadtpfarrkirche ist der größte Kirchenneubau des Bistums Regensburg seit dem Mittelalter. Der Münchener Künstler Franz Hofstätter hat das Gotteshaus im Jugendstil geplant. Ausgestaltet hat die ungewöhnliche Basilika hauptsächlich der Weidener akademische Maler und Bildhauer Wilhelm Vierling.

Die Josefskirche ist der größte Kirchenneubau in der Diözese Regensburg seit dem Mittelalter.

Die dreischiffige, neuromanische Kirche strahlt durch ihre Plastiken, Mosaike, Stuck- und Betonteile eine ungewöhnliche Atmosphäre aus. Auffallend sind neben dem einem mittelalterlichen Reliquienschrein ähnelnden Hochaltar unter anderem die vielen alttestamentlichen Darstellungen sowie die golden leuchtenden Mosaikbilder, die Erinnerungen an byzantinische Baukunst wecken. Die Josefskirche gilt als eine der schönsten Jugendstilkirchen Deutschlands.

Schon vor vielen hundert Jahren war Weiden Ziel von Städtereisenden. Der berühmteste Tourist war wohl Dichterfürst Johann Wolfgang von Goethe, der bei seiner Reise von Venedig nach Karlsbad im September 1786 nach Weiden kam. Die Stadt lag früher an der Schnittstelle von zwei bedeutenden Handelswegen: der **Goldenen Straße,** die Nürnberg mit Prag verband, und der **Magdeburger Straße,** die von Süd nach Nord in Richtung Elbe führte. Da unter anderem kostbares Salz auf ihr transportiert wurde, hat sie auch den Beinamen „Salzstraße" bekommen. An die Stelle der Altstraßen sind touristische Ferienrouten getreten. So trifft man auf der Goldenen Straße mittlerweile statt Händlern Radfahrer und Wanderer. Glas- und Porzellanstraße führen zu sehenswerten Ausstellungen und Produktionsstätten der zerbrechlichen Werkstoffe.

Es lohnt sich ein Abstecher in die Gemeinde **Schirmitz**. Dort ist die Magdeburger Straße in weiten Bereichen noch mit der heutigen Hauptstraße durch den Ort identisch. Sehenswert sind der Friedhof in Schirmitz, der in seiner

Schlichtheit mit seinen Holzkreuzen als einer der schönsten in ganz Bayern gilt, und die moderne Kirche in **Pirk** mit dem ungewöhnlichen Patronat Auferstehung. Einen Besuch wert sind auch die Bonauen bei Pirk, in denen viele seltene Tiere und Pflanzen wie Pirol, Eisvogel und Teufelsabbiss anzutreffen sind. Im nahen Weidener Stadtteil **Rothenstadt** gibt es einen uralten Turmhügel mit Grabkapelle. Diese Bastion der Weidener Vorfahren ist – wie zur Zeit der Erbauung – noch immer von Wasser umgeben.

Bei Blockhütte den Teufel überlistet

Ein lohnendes Ausflugsziel ist die bewirtschaftete Blockhütte am **Fischerberg,** die der evangelisch-lutherischen Kirche gehört. In der Nähe befindet sich mit dem Teufelsstuhl ein höllisch-schönes Wanderziel. Dort soll in dunklen Nächten der Schrei des Leibhaftigen durch den Wald hallen. Eine Sage erzählt, dass an dieser Stelle ein Fuhrmann die Seele eines Burgfräuleins von Leuchtenberg vor der Hölle bewahrt hat. Sie sollte wegen einer Liebschaft mit einem Knecht eingemauert werden. Sowohl der Teufel als auch ein Engel machten sich auf, die Seele zu holen. Beide begegneten nacheinander dem Fuhrmann und fragten nach der Wegstrecke. Während der gewitzte Bürger dem Engel zur Eile riet, machte er dem Teufel weis, dass er sich Zeit lassen könne. So kam der Engel zuerst an und rettete die Seele. Der Teufel wollte sich daraufhin an dem Mann rächen und legte sich am Fischerberg auf die Lauer. Der Fuhrmann kam wirklich um Mitternacht am Hinterhalt vorbei. Doch der Teufel war wegen seiner Dummheit von Luzifer für zwei Tage auf den Felsen, auf dem er saß, gebannt worden. Lediglich Lügner konnte er rufen. Seit dieser Zeit soll um Mitternacht der schaurige Schrei durch die finstre Nacht hallen.

Sagenumwoben ist die **Heilige Staude.** Im Mittelalter stand dort eine Kirche, die Ende des 16. Jahrhunderts wegen Baufälligkeit abgebrochen wurde. Nach der Überlieferung waren Gebietsstreitigkeiten der Grund für den Niedergang. Eine Sage erzählt, dass die Kirche auf einen Landgrafen von Leuchtenberg zurückgehen soll. Dem edlen Mann sollen dort bei einer Kutschenfahrt die Rösser durchgegangen sein. Als er in Todesangst den Bau einer Kirche versprach, blieben die Pferde wie durch ein Wunder stehen. Heute befindet sich an jener Stelle eine Kapelle. Ganz in der Nähe soll ein versunkenes Schlösschen darauf warten, wieder entdeckt zu werden. Ein weiteres beliebtes Wanderziel ist die Dreifaltigkeitskapelle in **Muglhof.**

Tipp: Torflehrpfad Mooslohe

Die Gegend rund um Weiden i. d. OPf. war früher ein Übergangsmoor, das während oder nach der Eiszeit aus einem Bruchwald entstanden ist. Bäche, Quellen und Niederschläge speisten das Moor. Um das 18. Jahrhundert begann man, die Torfflächen trockenzulegen, um sie landwirtschaftlich und für den Abbau von Torf als Brennstoff nutzen zu können. Namen wie Mooslohe, Moosbürg, Sauernlohe und Süßenlohe erinnern noch daran.

Ein **Torflehrpfad des Oberpfälzer Waldvereins** erinnert an diese Epoche. Der fünf Kilometer lange Rundweg ist vom Parkplatz des Schmankerlwirtshauses „Zum Alten Schuster" (Schustermooslohe 60) aus ausgeschildert und führt teilweise auf dem Damm einer früheren Torfbahn in dieses sagenhafte Gebiet, in dem sich auch der vierhundert Hektar große Moosweiher befand. Unterwegs erfährt man nicht nur viel über den Torfabbau in der Region und die Verwendung des Brennstoffs, sondern auch über Sagengestalten wie die verwunschenen Weidener Fische und den Geisterhund, der einst im Moor sein Unwesen getrieben haben soll. Wer mit offenen Augen wandert, der hat unter Umständen auch das Glück, Seeadler oder Rohrweihe zu sehen: zwei von vielen seltenen Arten in diesem Gebiet.

Ein morbider Charme von Tod und Vergänglichkeit umgibt den Lebensraum Moor.

Auch die vom Aussterben bedrohte Kreuzotter ist dort noch anzutreffen.

Unterwegs ist Vorsicht angesagt! Wegen vieler Kreuzottern in diesem Gebiet sollte der Weg nur mit festem Schuhwerk und passender Kleidung begangen werden. Hunde lässt man bei dieser Exkursion besser daheim.

Auf einer ehemaligen Bahntrasse ist der Bockl erbaut. Der Freizeitweg ist vor allem bei Radfahrern sehr beliebt.

Freizeit, wo einst Dampfloks fuhren

Dort, wo früher Kohlen verfeuert worden sind, werden heute im Naturpark Kohlenhydrate verbrannt. Mit Millionenaufwand wurde die Bocklbahn-Linie zwischen **Neustadt a. d. Waldnaab** und **Eslarn** zu einer ungewöhnlichen Freizeitstrecke umgestaltet. Für eine Tour auf dem Bockl sollte man genug Zeit einplanen. Denn für Naturfreunde und kulturell Interessierte gibt es auf dem längsten und vielleicht auch schönsten Bahntrassen-Radweg Bayerns eine Menge zu entdecken. Von den Dorfwirtshäusern und anderen urigen Einkehrmöglichkeiten gar nicht zu reden.

Manchmal hat man den Eindruck, dass es im Paradies nicht viel schöner sein kann. Sanft wiegen sich die Halme der letzten goldgelben Getreideähren im Wind. Auf den Bäumen am Wegesrand reifen rotbackige Äpfel heran. In den Heckenzeilen neigen sich die Zweige der Holunderbüsche langsam unter der Last der schwarzen Trauben dem Boden entgegen. Daraus lassen sich leckere Marmeladen, Liköre und Säfte machen. Die vielen Hollerbüsche haben der Region eine ungewöhnliche Regentin beschert: Im Nördlichen Oberpfälzer Wald wählen die Obst- und Gartenbauvereine in regelmäßigen Abständen eine Holunderkönigin.

Der Bockl führt auf über 50 Kilometern durch die wunderschöne Landschaft des Nördlichen Oberpfälzer Waldes.

Um die Höfe haben Traktoren auf Äckern und Wiesen strukturreiche, braun, grün und gelb gefärbte Fleckerlteppiche gewebt. Selbst zahlreiche der prächtig ausgestatteten Dorfkirchen erinnern an Essbares, da die Türme von barocken Zwiebelhauben gekrönt sind. Viele davon spiegeln sich in Dorfweihern, die vor langer Zeit zur Wasserversorgung und zum Feuerschutz angelegt worden sind. Heute tummeln sich darin vorwiegend Karpfen. Über der Wasserfläche segeln

Schwalben auf der Jagd nach Insekten durch die Luft. Auf die mit viel Geschick an Häuser- und Stallwände gekleisterten Lehmnester sind die Bewohner direkt ein wenig stolz, obwohl sie viel Schmutz mit sich bringen. „Schwalben sind Glücksbringer", verrät ein Austragsbauer, der auf dem Hausbankl genüsslich an seiner Pfeife zieht.

„Eine Kuh macht Muh, viele Kühe machen Mühe", so sagt ein Sprichwort. Hier gibt es noch etliche Bauern, die im Haupt- oder Nebenerwerb diese Mühe gerne auf sich nehmen. Die Landwirte sind die Architekten des Naturparks. Sie haben in jahrhundertelanger, mühevoller Arbeit das hügelige Agrarland zwischen dem Naabtal und dem Grenzgebirge geprägt. Alte Hutungen, Streuobstwiesen, Heiden, Lesesteinwälle und Felsenkeller erzählen von der Arbeit der Ökonomen, die früher viel schwerer, aber auch viel lukrativer war. Heute gedeihen auf vielen Flächen noch oder wieder selten gewordene Pflanzen wie Arnika, Feldthymian, Pechnelke und das Kleine Knabenkraut. Der Ampfer liebende Dukatenfalter, Vögel, wie das am Boden brütende Braunkehlchen, und Heuschrecken wie der Warzenbeißer haben hier einen Lebensraum.

> **DER BOCKL IST VIELSEITIG NUTZBAR**
>
> Der **Bockl** lässt sich ungemein vielfältig zur Erkundung des Naturparks nutzen. Er verbindet im Nördlichen Oberpfälzer Wald Natur mit Menschen, Heimat, Geschichte und Kulinarik. Die wunderschöne, familiengerechte Freizeittrasse kann unter dem Motto „Erleben – Bewegen – Begegnen" nicht nur von Radlern und Wanderern, sondern auch von Walkern und teilweise sogar von Inlineskatern genutzt werden. Im Winter können bei passender Schneelage Teile des Wegs zudem als Loipe gespurt werden. Wer sportlich weniger ambitioniert ist, kann an einer der zahlreichen E-Bike-Stationen günstig ein Elektro-Rad ausleihen. Mit den modernen Pedelecs haben selbst ungeübte Radfahrer am Ziel noch genügend Kondition für ein kleines Kulturprogramm. Infos unter www.der-bockl.de und www.oberpfaelzer-wald.de

Auch Feldthymian kann man am Wegesrand entdecken.

Leckere Erdäpfel und wertvolle Steine

Auf den Feldern gedeihen nicht nur Weizen, Hafer, Mais und Raps, es reifen sogar Chips, Sticks und andere Snacks heran. Zumindest die Früchte dafür. Zigtausend Tonnen Kartoffeln lassen die Bauern über Anbaugenossenschaften jährlich zu leckeren Knabbereien veredeln. Natürlich kommen die Erdäpfel, die der „Alte Fritz" angeblich zur Stärkung seiner Truppen populär gemacht hat, auch in altbekannter Form auf die Speisekarten der Gasthäuser. Als Dotschen, Spo(u)zn, Salzkartoffel und Stampf oder moderner als Rösti, Kroketten und Pommes sorgen sie für Gaumenfreuden. Hier und da gibt es sogar noch Bauchstecherla, Schopperla, Seidene Knödel und Zwetschgenspo(u)zn. Der alte Spottname „Kartoffelpfalz" ist für die Region längst zum Gourmet-Kompliment geworden. Die Ernte der tollen Knollen wird deshalb gefeiert. Rußgeschwärzte Gesichter auf den Feldern verraten, dass es nicht nur für Kinder ein Erlebnis ist, frische Erdäpfel selbst am Krautfeuer zu rösten und an Ort und Stelle zu verzehren, getreu dem alten Oberpfälzer Sprichwort „Erdäpfl in da Fröih, mittogs in da Bröih, auf d'Nacht in die Hait, Erdäpfl in alle Ewigkeit".

Entlang des Bocklwegs gibt es jede Menge Möglichkeiten, auf Bauernhöfen zu übernachten, bei der Stallarbeit zu helfen oder auf Ponys und Pferden zu reiten. Natürlich gehört das Frühstücksei von glücklichen Hühnern und manchmal sogar Brot aus dem eigenen Holzbackofen dazu. Wenn es gewünscht wird, ist hier und da nach einer geselligen Runde am Lagerfeuer auch eine romantische Nacht im Stroh machbar.

Der Bockl führt in weiten Teilen durch eine bäuerlich geprägte Landschaft.

Schienen und Schwellen erinnern daran, dass diese Freizeittrasse früher von Lokomotiven befahren worden ist.

In Pleystein ragt ein mächtiger Rosenquarzfelsen aus dem Boden. Anfassen ist hier erlaubt.

Für Chronisten: Der erste Abschnitt der Lokalbahn zwischen **Neustadt a. d. Waldnaab** und **Vohenstrauß** war 1886 eröffnet worden. 1900 wurde die Linie bis nach **Waidhaus** und acht Jahre später bis nach **Eslarn** verlängert. 1992 wurde der Personenverkehr eingestellt. Drei Jahre später kam das Aus für den Güterverkehr. 1999 kamen die Radler. Mit zweiundfünfzig Kilometern Länge ist die Trasse der längste Bahntrassen-Radweg Bayerns. Natürlich müssen Sie die Tour nicht an einem Tag bewältigen. Dazu gibt es unterwegs viel zu viel zu entdecken. Die Strecke führt durch das geologisch älteste Gebirgsmassiv Mitteleuropas. Hier gibt es Ein- und Ausblicke, die nicht nur die Herzen von Mineralogen höher schlagen lassen. Auf bis zu fünfhundert Millionen Jahre wird das Alter der Gneise geschätzt, die den Radler auf weiten Strecken begleiten. Sie sind unter hohen Temperaturen und gewaltigem Druck im Erdinneren entstanden. Auch „Steinpfalz" wird die Gegend deshalb bisweilen genannt. Sanfte Gneisrücken, schroffe Granitblöcke, Quarzgänge und andere Verbindungen aus dem Schoß der Erde säumen den Weg und machen eine Bockltour rasch zum „Steinzeitausflug".

Mit der Dampflok kamen die „Gloserer"

Der Bockl hat viele Spuren in der Region hinterlassen. Schon beim Start auf dem Neustädter Felixberg geht dies los. Die schnaufenden Dampfloks machten **Neustadt a. d. Waldnaab** zur Stadt des Bleikristalls. Die Züge sind lange ver-

Das Stadtmuseum in Neustadt a. d. Waldnaab erinnert an die Zeit, als die Region das europäische Zentrum der Bleikristallherstellung war.

schwunden, das glitzernde Glas ist geblieben. Der Freizeitweg beginnt direkt im „gläsernen Herzen" der Stadt – dieses Viertel ist auch eine wichtige Station der touristischen **Glasstraße.** In ihm hat der traditionsreiche Bleikristallhersteller F. X. Nachtmann seinen Firmensitz. Das Unternehmen Nachtmann war eines von drei großen Hüttenwerken, die sich um die Jahrhundertwende im Ort niedergelassen hatten. Der Bahnanschluss, die Nähe zu Quarzsandvorkommen sowie zu den Kohlegruben in Böhmen hatten das Städtchen zu einem attraktiven Standort für die Glasindustrie gemacht.

Die großen Schmelzöfen des Unternehmens, das heute zur österreichischen Riedel-Gruppe gehört, sind zwar vor einigen Jahren erloschen, trotzdem gibt es hier noch Glas in Hülle und Fülle zu sehen. In einer Schauhütte kann die Fertigung live bestaunt werden. Wer sich für kostbare mundgeblasene und handgeschliffene Kristallkunstwerke interessiert, sollte dem über das malerische „Gassl" erreichbaren **Stadtmuseum** einen Besuch abstatten. Die Bearbeitung des zerbrechlichen Werkstoffs und die Arbeit der Neustädter „Gloserer" bilden einen Schwerpunkt der sehenswerten Sammlung.

Prunkstück ist eine etwa einen Meter hohe Goldrubin-Überfangvase, die größte der Welt. Pures Gold kam bei der Herstellung mit in die Schmelzwanne. Das Museum hat übrigens noch mehr zu bieten als „nur" Bleikristall. Das liebevoll eingerichtete ehemalige Schulhaus beherbergt weiter Exponate aus den Bürgerhäusern, Kirchen und Klöstern sowie der Stadtgeschichte der kleinsten

Kreisstadt Bayerns. Unter anderem gibt es einen Lederhandschuh Kaiser Karls IV. zu sehen, den der Regent 1354 als Unterpfand einer Waldschenkung im Ort zurückließ. Die Holzrechte werden noch immer gemeinschaftlich genutzt. Als Dank dafür lassen die Mitglieder alljährlich für den Kaiser eine Messe lesen. Das Altarbild in der Pfarrkirche Sankt Georg neben dem Museum stammt übrigens von einem Neustädter Künstler. Kirchenmaler Thaddäus Rabusky (1776 bis 1862) war einer der größten Söhne der Stadt. Sehenswert ist das Gotteshaus auch wegen der kunstvollen Wessobrunner Stuckaturen.

Der Name „Neustadt" ist eng mit den **Lobkowitzern** verbunden. Die Linie Popel des einflussreichen böhmischen Adelsgeschlechts besaß einst die Herrschaften Störnstein-Neustadt und Waldthurn. Rund zweihundertfünfzig Jahre war dieses Gebiet unter böhmischer Herrschaft, zuletzt sogar als gefürstete Grafschaft mit Sitz und Stimme beim Immerwährenden Reichstag in Regensburg. Die Residenz der Adelsfamilie ist am schmucken Neustädter Stadtplatz noch erhalten. Heute „regiert" dort der Landrat des Kreises Neustadt a. d. Waldnaab. Die Schlossbauten stammen aus verschiedenen Epochen. Der quer zur Straße stehende Trakt ist der jüngste Gebäudeteil. 1720 wurde er unter Ferdinand August Leopold von Lobkowitz fertiggestellt. Er wollte eigentlich ein dreiflügeliges Schloss von Antonio della Porta errichten lassen, doch nach dem Bau des ersten Trakts wurden die Arbeiten eingestellt. Deshalb ist auch noch das Alte Schloss erhalten, das eigentlich abgerissen werden sollte und im Kern bis auf das 12. oder 13. Jahrhundert zurückgeht. Besonders sehenswert sind im zweiten Stock des Neuen Schlosses die Deckengemälde einer früheren Kapelle: ein Zyklus aus siebzehn Bildern des Apostolischen Glaubensbekenntnisses. Schlossführungen sind auf Anfrage möglich (tourismus@neustadt.de). Auch die Naturpark-Geschäftsstelle ist im Landratsamt untergebracht.

Tradition wird im Ort großgeschrieben. So gibt es noch einen Nachtwächter und eine Historische Bürgerwehr, deren Geschichte bis ins 17. Jahrhundert zurückreicht. Stolz sind die Bürger auf ihre Zoigltradition und die „Neistädter Dotschen", leckere Schmierkuchen, die es längst nicht mehr nur zur Martini-Kirchweih gibt.

Auf dem Schlossberg heute eine Kirche

Nächste Station auf dem Bockl ist **Störnstein**. Majestätisch thront die **Sankt-Salvator-Kirche** auf dem Schlossberg. Früher stand dort oben eine trutzige Burg, die allerdings schon 1600 nur mehr eine Ruine war. Das heutige Gotteshaus ist 1934 erbaut worden. Die Einrichtung stammt zum Teil noch aus der alten

Die Altstadt von Neustadt a. d. Waldnaab ist auf einem Gneisrücken erbaut. Überragt wird sie von der katholischen Pfarrkirche St. Georg.

Die Wallfahrtskirche auf dem Botzerberg bei Ilsenbach ist dem in der Region ungewöhnlichen Patron St. Quirin geweiht. Sie geht auf eine Burgkapelle zurück.

Kirche, die auf die Burgkapelle zurückging. Auf der anderen Seite der Freizeittrasse wartet der Aussichtspunkt „Großer Gigl" darauf, erkundet zu werden. Wundern Sie sich nicht, wenn Ihnen dabei selbst im Hochsommer Männer mit großen Fellmützen oder Bierfass rollende Herren und Damen begegnen. Die Mützen-Männer sind mit Sicherheit Aktive der „Historischen Hochfürstlichen Lobkowitzischen Grenadiergarde", welche die Erinnerung an die stolze Vergangenheit des Ortes wach halten. Das Fasslrollen ist eine Gaudisportart, mit der die Störnsteiner bereits Europa- und Weltmeistertitel errungen haben. Für ungewöhnliche Sportarten konnten sich die Bürger des Ortes schon immer begeistern. Früher gab es ganz in der Nähe des Bocklwegs eine Schisprungschanze.

Die wunderschöne Felsgruppe „Kleiner Gigl" am Bockl macht deutlich, dass die Trasse nun durch ein Granitgebiet führt. Vor etwa 275 Millionen Jahren drang das Gestein in einigen Kilometern Tiefe in den Gneis ein. Wind und Wetter holten das Material im Laufe der Jahrmillionen an die Erdoberfläche. Die Brocken sind im frischen Bruch hellgrau oder sogar leicht bläulich und lassen sich gut bearbeiten. Deshalb wurden 1885 einige große Blöcke für Säulen zum Bau des Reichstagsgebäudes in Berlin in Störnstein gebrochen. Wer sich für Steine interessiert, der sollte einen Abstecher zum Naturschutzgebiet **Doost** einplanen. Dort wird deutlich, wie gewaltig die Kräfte der Natur sind.

Lohnenswert ist auf jeden Fall ein Besuch am nahen **Botzerberg** bei **Ilsenbach** in der Gemeinde **Püchersreuth.** Weit grüßt von dort die barocke Zwiebel auf dem Granitturm der Wallfahrtskirche **Sankt Quirin** in das Land. Das ungewöhnliche Gotteshaus ist zur Zeit der Lobkowitzer errichtet worden. Baumeister war wieder Antonio della Porta, dem wir bereits in Neustadt a. d. Waldnaab begegnet sind. Sehenswert ist das Gotteshaus vor allem wegen der Akanthusaltäre, die als die ältesten der Oberpfalz gelten. Wie ein Hufeisen umrankt das filigrane, einer Distelart nachempfundene Schnitzwerk den Hochaltar, der das Pfingstereignis darstellt.

Uralt ist die Orgel auf der Empore. Das Spielwerk stand einst in der Bibliothek der Lobkowitzer in Prag. 1692 wurde es in ein neues Gehäuse gefasst und in die Kirche integriert. Da es sich dabei um ein Konzertinstrument mit kurzem Pedal, kleinem Manual und geringem Tonumfang handelt, ist nur ein Teil der gängigen Orgelliteratur darauf spielbar.

Es gilt als sicher, dass die Kirche auf die Burgkapelle der versunkenen nahen Kronburg zurückgeht. Um 1530 wurde die Festung zerstört und nie mehr aufgebaut. Das Quirin-Bildnis wurde gerettet und fand zuerst in einer kleinen Bretterkapelle, die etwa dreihundert Meter von der heutigen Kirche entfernt stand, und dann im Gotteshaus ein neues Zuhause. Eine Steinsäule erinnert in Nähe der Kirche an den Ursprungsort der Pilgerstätte, die früher vor allem viele Gläubige aus dem Egerland angelockt hat. Höhepunkt der vor einigen Jahren neu belebten Wallfahrten ist alljährlich Ende Juli das dreitägige Quirin-Fest. Übrigens: Im nahen Flurgebiet „Schlössl" soll noch ein Schatz der „alten Rittersleit" auf seinen Entdecker warten. Viel Spaß beim Suchen.

Sehenswert ist der ungewöhnliche Hufeisen-Akanthusaltar in der Wallfahrtskirche St. Qurin.

Tipp: Auf dem Ilsenbacher Skulpturenweg unterwegs

In der Nähe der Wallfahrtskirche Sankt Quirin soll im Flurgebiet „Schlössl" noch ein Schatz der „alten Rittersleit" von der Kron(en)burg auf seinen Entdecker warten: eines von vielen spannenden Themen auf dem **Ilsenbacher Skulpturenweg.** Acht Künstler aus der Region haben unterwegs viele ungewöhnliche Stationen geschaffen, darunter die Kunstwerke „Baumtruhe", „Raubritter", „Die Zeit" und „Über den Schatten springen". Die Harmonie von Mensch und Natur wird plastisch vor Augen geführt: ein äußerst ungewöhnlicher Kunst-Ge(h)nuss für alle Wander- und Naturfreunde. Natürlich wird auch das Gotteshaus Sankt Quirin auf dem knapp zwölf Kilometer langen Rundwanderweg, der von Ilsenbach aus ausgeschildert ist, angesteuert. Unterwegs trifft man weiter auf eine versunkene und eine funktionierende Mühle, das Kultur-Bauernhofcafé „Federkiel", den historischen Waffenhammer (mit einem kleinen Schmiedemuseum), ein Wildgehege und das Ilsenbacher Schloss, das bewohnt ist und deshalb leider nicht besichtigt werden kann.

Eines der Kunstwerke am Skulpturenweg heißt „Über den Schatten springen".

Bekannt ist die Gemeinde **Püchersreuth** wegen der Sommerkonzerte im alten Pfarrhof des nahen Dörfchens **Wurz.** Das einzigartige Ambiente des einstigen Sommersitzes des Waldsassener Klosters lockt Kulturfreunde aus nah und fern an. Bei schönem Wetter wird im Garten musiziert, bei Regen weichen die Musiker in den Marstall aus. Die Pläne für den Bau stammen vom bekannten Barockbaumeister Frater Jakob Philipp Muttone. Einen krassen Gegensatz zu dem historischen Gemäuer bildet gleich um die Ecke der „Lipperthof", ein Zentrum der Islandpferde-Reiterei. Ein Stückchen weiter, in Kotzenbach, betreiben Karin und Harald Franz eine Straußenfarm mit Hofladen, die nach Voranmeldung besichtigt werden kann, Telefon 09602/939582.

Spuren einer Jüdischen Gemeinde

Doch zurück zum Bockl. Geologisch interessant ist auch der Bereich von **Gailertsreuth:** Dort gibt es Quarze, die in kleinen und großen Gängen die Gneise und Granite durchschneiden. Außerdem besteht die Möglichkeit, eine alte Mühle zu besichtigen. In der Nähe haben Sammler sogar schon Quarzkristalle geborgen.

Der nächste Ort **Floß** geht auf eine uralte Siedlung zurück. In den Jahrbüchern des Klosters Sankt Emmeram in Regensburg ist hier schon 948 eine Schlacht erwähnt. Jahrhundertelang lebte im Ort eine eigenständige jüdische Gemeinde. Die 1817 im Stil des Klassizismus erbaute Synagoge und ein 1694 angelegter Judenfriedhof mit über vierhundert Grabstellen erinnern daran. Unter Denkmalschutz stehen auch die drei Kirchen des Ortes. Während die katholische und evangelische Pfarrkirche Johannes Baptista beziehungsweise Johannes dem Täufer gewidmet ist, trägt das kleine Wallfahrtskirchlein nördlich des Ortes das Patronat Sankt Nikolaus. Es steht nicht auf einem Berg aus Granit, sondern aus Serpentinit, auf dem auch seltene Farne wachsen. Sehenswert ist zudem die ungewöhnlich gewachsene Münchhof-Linde nördlich des Marktes. Ein beschrifteter Gedenkstein erinnert daran, dass hier in der Nähe von **Kalmreuth** bis ins 16. Jahrhundert Menschen gelebt haben.

Der Markt Floß hatte einst einen eigenen sulzbachischen Landrichter, der im 1671 fertig gestellten Pflegschloss regierte. Die Granitfigur am Aufgang zum Schloss ist nach einer Sage von der Burg Flossenbürg entführt worden. Das Schloss beherbergt heute das Heimatmuseum „Flosser Amt", das viele Einblicke in die Ortsgeschichte des Marktes gewährt (Eintritt frei).

Einkehrtipps sind neben der direkt am Bockl gelegenen Raststation in Floß das wegen seiner deftigen Brotzeiten etwa einen Kilometer vom Radweg entfernte „Bärnstüberl" in **Würzelbrunn** (von Haupertsreuth aus zu erreichen) sowie „Surrers Radlhütte" am Kühbachhof in **Ottenrieth** (nur an Zoigl-Wochenenden geöffnet). Auch in **Albersrieth** lohnt sich ein Stopp. Dort wurden über hundert Jahre Granatkristalle abgebaut. Zerkleinert und gereinigt nutzte man sie als Schleifmittel für Holz und Glas, das als „Oberpfälzer Smirgel" weltbekannt wurde. Mit ganz viel Glück kann man in einem Lesesteinhaufen noch Kristalle finden. Wer sich für Geschichte interessiert, sollte einen Umweg über **Waldthurn** machen. Dort gibt es ein Jagdschlösschen aus dem Jahr 1666 der Fürsten von Lobkowitz. Sie nutzten die Sonnenseite des **Fahrenbergs** als Ort der Sommerfrische. Heute wird das Gebäude als Pfarrheim genutzt. Ein Tipp für Schlechtwettertage ist das im Obergeschoss des Rathauses untergebrachte Heimatmuseum (Eintritt frei).

Tipp: Besuch im Kreislehrgarten in Floß

Einen ganz und gar ungewöhnlichen Kreislehrgarten gibt es in **Floß** zu bestaunen. Das ungemein vielseitig und ideenreich gestaltete Gelände gibt bei freiem Eintritt nicht nur viele Anregungen für die eigene Gartengestaltung, sondern fordert dazu auf, die grüne Oase mit allen Sinnen zu erleben und zu genießen und so ganz nebenbei das eigene Ich als Teil des Universums neu zu entdecken. Der spielerische Umgang mit den Elementen Feuer, Wasser, Erde und Luft sowie verschiedenen Naturmaterialien eröffnet völlig neue Sichtweisen und Einblicke. Der echt „dufte Garten" bringt zwischen Beerenobststräuchern, Gewürzpflanzen, Sinnesspirale, Steinzeitbackofen, Barfußbereichen und Wildgehölzen selbst Wasser zum Klingen. In diesem Gartenlabyrinth lohnt es sich, die Augen offen zu halten, die Ohren zu spitzen und tief durchzuschnaufen. Auch Anfassen ist in dem mit Naturparkmitteln geschaffenen kleinen Paradies auf der Suche nach der Philosophie des Lebens erlaubt. Immer Anfang Juni wird dort übrigens das Holunderblütenfest gefeiert. Ein Besuch lässt sich prima mit einer Radtour verbinden, da der Kreislehrgarten direkt am Bockl liegt. Auch für eine passende Einkehrmöglichkeit ist gesorgt. Direkt neben dem Kreislehrgarten befindet sich der mit einem wunderschönen Biergarten ausgestattete Familiengasthof „Schaller", in dem „Pedalritter" auch übernachten können. Kleiner Tipp: Wirt Harald Schaller hat eine kleine Hausbrauanlage eingerichtet, wo er seinen „Prellbock Nr. 42", benannt nach dem Prellbock aus Bocklzeiten, vergärt!

Im Kreislehrgarten kann man sich viele Anregungen für den eigenen Garten holen.

Eine Tafel erleichtert Familien den Überblick über das Gelände.

Wer Lust hat, kann nach Anmeldung (Telefon 09657/922876) auf dem Weg nach Vohenstrauß die Privatsammlung von alten landwirtschaftlichen Maschinen auf dem „Fullertn-Bauernhof" in Woppenrieth besichtigen. Unter den ungewöhnlichen Exponaten ist ein Lanz-Dampflokomobil aus dem Jahr 1904 sowie ein amerikanischer Dampftraktor der Buffalo Pitts Company, Baujahr 1885, der in Kalifornien auf Baumwollfeldern im Einsatz war.

Rätsel um den Vogel Strauß im Wappen

Auf ein Tier, das eigentlich im Nördlichen Oberpfälzer Wald gar nicht heimisch ist, stößt der Naturfreund in **Vohenstrauß.** Die frühere Kreisstadt trägt den Strauß im Wappen. Dort ist ein silberner Großvogel mit einem goldenen Hufeisen im Schnabel zu sehen, der von einem Fuchs attackiert wird. Kein Mensch kann sich erklären, wie der Ort zu diesem ungewöhnlichen Wappen gekommen ist. Fakt ist, dass die „Viecherei" bereits im ältesten Siegel in der ersten Hälfte des 14. Jahrhunderts auftaucht. An einem Erker am Rathaus am malerischen Stadtplatz kann man das Wappen bewundern.

Gleich in der Nähe steht am oberen Ende des Platzes die **Friedrichsburg:** das Wahrzeichen und bedeutendste Denkmal der Stadt. Das imposante Schloss ist unter Pfalzgraf Friedrich von 1586 bis 1593 als Residenz vor den Toren der Stadt errichtet worden. Von hier aus leitete er nach dem Umzug vom Weidener

AUF ALTEN GRENZEN

Pfalzgraf Friedrich, dem Erbauer der Friedrichsburg, ist ein naturkundlich-historischer Erlebnispfad rund um **Vohenstrauß** gewidmet. Auf den historischen Grenzen des Gerichtsbezirks von 1600 macht der knapp zwanzig Kilometer lange **Rundweg,** der an der Friedrichsburg beginnt und auch direkt zum Bockl führt, Geschichte begehbar. Die Route verläuft ein Stück auf der alten Heeresstraße. Die frühmittelalterliche Verbindung von Nürnberg nach Prag ging unter Kaiser Karl IV. als „Verbotene Straße" in die Geschichtsbücher ein.

Vesten-Haus die Geschicke des Pflegamtes. Mit Friedrich, der bereits vier Jahre später im Alter von vierzig Jahren starb, kam Katharina Sophia nach Vohenstrauß. Sie behielt die Burg als Witwensitz. Mit ihrem Tode endete 1608 die Residenzzeit für Vohenstrauß frühzeitig schon wieder.

In einem der alten Ackerbürgerhäuser befindet sich nur einen Steinwurf vom Stadtplatz entfernt das **Heimatmuseum.** Die Räume spannen einen Bogen von Ausgrabungs- und Steinzeitfunden über Stadtgeschichte, religiöse Volkskunst und das Leben der Vorfahren bis hin zur Industriegeschichte der Region. Der Ort hat als kleine Besonderheit auch ein **Färbermuseum,** das nach Anmeldung besichtigt werden kann.

Das Gebiet ist ungemein reich an Sagen, die seit Jahrhunderten in den Hutzastuben von Generation zu Generation weitererzählt werden. Da ist zum Beispiel die Geschichte vom **Kalten Baum,** der rund vier Kilometer südwestlich von Vohenstrauß steht. Das Gehölz ist demnach aus dem kalten Herzen einer grausamen Leuchtenberger Gräfin erwachsen. Die Witwe soll ihre kleinen Kinder ermordet haben, weil sie ihr bei einer neuen Liebschaft hinderlich erschienen. Die Seele der Gräfin findet seitdem keine Ruhe. Wanderer bekommen hin und wieder ihren kalten Atem zu spüren.

Durch den Bau der Friedrichsburg wurde Vohenstrauß zur Residenzstadt. Heute ist sie das Wahrzeichen der Stadt.

SCHÄTZE DER REGION

Ein Erlebnis für die ganze Familie ist ein Besuch im **Vohenstraußer Privatmuseum „Schätze der Oberpfalz".** Die rund 4.500 Exponate geben einen glitzernden Einblick in die Gesteinsvielfalt des Oberpfälzer Waldes. Auch Kostbarkeiten aus aller Welt sind dort zu sehen. In glasklaren Bächen der Nordoberpfalz kommt sogar Gold vor, allerdings nur in kleinen Mengen. Die Suche wurde deshalb im Mittelalter aufgegeben. Im Museum kann man sich nicht nur das Goldwaschen erklären lassen, sondern auch selbst Pfannen ausleihen, um sich auf die Suche nach „Nuggets" zu machen.

Nervenkitzel im Waldgebiet Elm

Nervenkitzel verspricht eine Wanderung in das nach der Ulme benannte Waldgebiet **Elm,** in dem man sich ungemein leicht verlaufen kann. Dort gibt es vier seltsame Steine mit eingemeißelter Schwurhand, die schon im 14. Jahrhundert in alten Schriften erwähnt sind. Die vier Burgherren von Leuchtenberg, Tännesberg, Roggenstein und Waldthurn sollen sich dort einst getroffen haben, um das Gebiet aufzuteilen. Der Tännesberger kam zu spät. Als er sah, dass Grund und Boden bereits vergeben waren, nahm er sich an Ort und Stelle das Leben. Deshalb steht dieser Stein etwa siebzig Meter abseits von der Dreiergruppe. Ganz in der Nähe ist 1863 „Xantenbauer" Michael Würfl von Passenrieth nach einem Viehhandel in einen Hinterhalt geraten und mit durchgeschnittener Kehle aufgefunden worden. Der Mörder soll lange Zeit danach mit schwarzen Würgemalen und klauenähnlichen Brandflecken bewusstlos in der Nähe gefunden worden sein. Auf dem Sterbebett gestand der übel Zugerichtete die Tat. Ein Marterl erinnert daran.

Ein beliebtes Fotomotiv ist die nahe Burg der einst mächtigen Herren von **Waldau,** die auf einem Serpentinitfelsen thront. Bis ins 12. oder 13. Jahrhundert lässt sich ihre Geschichte zurückverfolgen. Der Burgfried ist der älteste Teil der Anlage und stammt aus dieser Frühzeit. Sehenswert ist weiter die Akanthus-Einrichtung der neubarocken Kirche Sankt Johannes Nepomuk im Ort.

Einen „Glanz-Berg" selbst erklimmen

Im wahrsten Sinne des Wortes „steinreich" sind die Bürger im nächsten Zielort **Pleystein.** Das althochdeutsche Wort „pleyen" bedeutet „leuchten" oder „glänzen" und weist auf ein ungewöhnliches Geotop hin. Rund fünfunddreißig Meter überragt nämlich der von einer Kirche und einem Kloster gekrönte **Kreuzberg** die Stadt, wobei es sich um den harten Kern eines Pegmatitstockes, der aus Rosen-, Rauch- und Milchquarz besteht, handelt. Der Freistaat Bayern hat diesen „Glanz-Berg" in die Sammlung der hundert bedeutendsten Geotope aufgenommen. Fachleute schätzen die Quarzmasse auf 500.000 Tonnen. Früher war der rund hundertfünfzig Meter lange und etwa hundert Meter breite Koloss noch viel mächtiger. Fast siebzig Jahre bauten die Bürger bis 1920 Quarz als Rohstoff für die Porzellan- und Glasindustrie ab, ehe das Wahrzeichen unter Schutz gestellt wurde. Spuren des Bergbaus sind in einem Stollen am Fuße des Bergs zu sehen.

Die Bildung des Quarzfelsens steht in engem Zusammenhang mit den vor etwa dreihundert Millionen Jahren entstandenen Graniten. Quarzreiche Lösungen sammelten sich bei der Entstehung des Urgesteins in Klüften und kühlten ab. Im Laufe der Jahrmillionen modellierten Wind und Wetter den harten Kern heraus. Für Pflanzenliebhaber lohnt es sich, den gewaltigen Block genauer unter die Lupe zu nehmen. Darauf gedeihen Minimalisten und Spezialisten wie

links: Mehrere Sagen ranken sich um die Burg von Waldau.
rechts: Auch Puppensammlungen gibt es im Naturpark. Die bekannteste ist „Katharinas Puppenhaus" in Hagenmühle.

KINDERAUGEN LEUCHTEN

Diese Sammlungen bringen nicht nur Kinderaugen zum Leuchten. Im Naturpark gibt es mehrere kleine Puppenmuseen. Das wohl bekannteste ist „Katharinas Puppenhaus" in **Hagenmühle im Zottbachtal.** In **Eslarn** lädt „Bettys Puppensammlung" ein, in Kindheitserinnerungen zu schwelgen. In **Moosbach** kann man „Fannys private Puppensammlung" bestaunen.

Kleinblütige Königskerze, Natternkopf, Zypressenwolfsmilch, Scharfer Mauerpfeffer, Serpentin-Streifenfarn und der seltene Tüpfelfarn.

Die Namen „Schlossberg" und „Schlossweiher" erinnern daran, dass der Berg einst eine trutzige Burg getragen hat. Die vermutlich Anfang des 13. Jahrhunderts zur Kontrolle des Zottbachtals errichtete Festung verlor bereits im 15. Jahrhundert an Bedeutung und verfiel. 1814 bauten die Bürger auf dem Berg für ein Wallfahrtskreuz eine Kirche, die 1901 mit der gesamten Einrichtung einem Großbrand zum Opfer fiel. Ein Jahr später stand der im Neobarockstil errichtete Neubau mit einer originalgetreuen Nachbildung des alten Wallfahrtskreuzes auf dem Berg.

Auf dem idyllischen Schlossweiher am Fuße des Berges ziehen im Sommer Schwäne ihre Kreise. Nach einer Sage lastet ein Fluch auf dem Gewässer. Kein Frosch kann darin leben. Als die Burg im Besitz der Leuchtenberger war, soll das ständige Gequake einer bettlägerigen Landgräfin so auf die Nerven gegangen sein, dass sie das Gewässer verwünschen ließ.

Lohnenswert ist wegen der prächtigen neugotischen Ausstattung auch ein Besuch in der Stadtpfarrkirche **Sankt Sigismund**. Zwei Gedenkplatten am Ostportal erinnern an die Pleysteiner Bischöfe Georg Michael Wittmann (1760 bis 1833) und Johann Baptist Anzer (1851 bis 1903). Ein anderer großer Sohn der Stadt war der Philosoph und Theologe Karl Anton Hortig (1774 bis 1847), auch unter dem Pseudonym Johannes Nariscus bekannt. In seinem Geburtshaus am Marktplatz ist heute ein Heimatmuseum mit Exponaten aus der Stadtgeschichte sowie die sehenswerte Gesteinssammlung von Ferdinand Lehner untergebracht, nach dem sogar ein erstmals im nahen Hagendorf entdecktes Mineral benannt ist. Es handelt sich bei den Exponaten um die älteste zugängliche Mineralienausstellung der Oberpfalz. Pleystein ist zudem ein Ort der Krippenschnitzer. Auch davon erzählt das Museum. Seit 2012 ist im Museum zudem eine Info-Stelle des Geoparks Bayern-Böhmen eingerichtet.

Ganz in der Nähe gibt es mit dem **Großen Stein** bei **Miesbrunn** noch ein sehenswertes Geotop. Vom Waldrand an der Straße nach Reinhardsrieth ist der von einem Gipfelkreuz gekrönte Aussichtspunkt in etwa zwanzig Fußminuten zu erreichen. Besonders interessant ist dieser Berg, weil dort verschiedene Gesteinsschichten aufeinandertreffen.

Ein beliebtes Ausflugsziel ist die Wallfahrtskirche auf dem sagenumwobenen **Ulrichsberg** bei **Burkhardsrieth**. Eine Prinzessin vom rund fünfzehn Kilometer entfernten Dianaberg in Böhmen hat mit dem Bau ein Versprechen eingelöst. Sie hatte sich in den Wäldern verirrt und versprochen, das Kirchlein

Tipp: Auf dem „PleySteinpfad" gut im Bilde

Wie „steinreich" die Bürger am Rosenquarzfelsen sind, verdeutlicht der „PleySteinpfad" im Stadtteil **Gsteinach.** Der etwa eineinhalb Kilometer lange Rundweg mit Naturerlebnispfad beginnt am Terrassenbad in **Pleystein.** Unterwegs stößt der Wanderer auf Findlinge aus Gneis, Biotit und verschiedene Granite. Auch einen Panorama-Rahmen für unvergessliche Erinnerungsfotos gibt es. In einem Wäldchen dürfen die Kinder (und natürlich auch Erwachsene) nach Mineralien und Kristallen „schürfen". Wer danach noch eine sportliche Herausforderung sucht,

Ein Panorama-Rahmen fordert am „PleysteinPfad" dazu auf, den Besuch fotografisch festzuhalten.

kann den Spaziergang im Freibad oder auf dem Minigolfplatz ausklingen lassen. Gut möglich, dass das Freibad dem einen oder anderen Besucher bekannt vorkommt: 2020 drehte hier Marcus H. Rosenmüller die Filmkomödie „Beckenrand Sheriff" mit Milan Peschel, Sebastian Bezzel und Dimitri Abold in den Hauptrollen.

zu bauen, wenn sie gerettet werde. Der Sakralbau soll mehrfach schon als Versteck von Schmugglern genutzt worden sein. Auf dem Berg wohnte auch lange Zeit ein Einsiedler. Mitte des 19. Jahrhunderts wurde die Behausung eingerissen, weil der Bewohner es mit der Einsiedelei nicht so genau nahm und unsittlich mit Weibsbildern zusammenlebte. So berichtet es zumindest die Chronik.

Dokumentation über den Bockl im Waggon

Wer sich für Eisenbahngeschichte interessiert, sollte unbedingt einen Stopp in **Waidhaus** einplanen. In einem historischen Waggon beim ehemaligen Bahnhof ist eine Dokumentation über den Bockl zu sehen. Dort erfährt der Besucher auch, weshalb die Pleysteiner die Einweihungsfeier in ihrer Stadt für die Bocklbahnstrecke ins Wasser fallen ließen und sich stattdessen heimlich nach Waidhaus aufmachten. Obwohl die Schienen und Schwellen lange abgebaut sind, bekommen Eisenbahnfans noch immer glänzende Augen beim Gespräch über die frühere Lokalbahn. Ungewöhnlich lange, bis 1974, ratterte eine Dampflok über die Gleise. Fotografen und Filmfreunde säumten am Schluss die Strecke, um die Zugromantik festzuhalten. Die Deutsche Bundesbahn setzte die berühmten letzten Dampfloks der Baureihe 64 ein, von Fans liebevoll „Bubikopf" genannt.

Waidhaus hat als das große Tor in den Osten Politikgeschichte geschrieben. Ganz in der Nähe haben am 23. Dezember 1989 die beiden Außenminister Hans-Dietrich Genscher und Jiří Dienstbier den „Eisernen Vorhang" durchtrennt und damit den „Kalten Krieg" für beendet erklärt – Bilder, die um die ganze Welt gegangen sind. Ein zweisprachig gestalteter Gedenkstein erinnert an diesen historischen Akt. Mit **Hagendorf** liegt eine weltberühmte Mineralienfundstätte vor den Toren des Marktes. Beim Abbau eines gewaltigen Feldspatkegels

Entlang des Bocklwegs laden immer wieder Rastplätze dazu ein, die Fahrt zu unterbrechen. Hier ein Rastplatz bei Pleystein.

AN WOCHENENDEN „SHUTTLEBUS"

Ein Tipp für alle, bei denen die Beine bei einer Tour schnell müde werden: Von Mai bis Ende Oktober besteht an den Wochenenden, an Feiertagen sowie in den bayerischen Sommerferien die Möglichkeit, auf der Linie Weiden-Vohenstrauß-Eslarn mit einem „Fahrrad-Shuttlebus" die Hin- oder Rückfahrt anzutreten. Haltestationen sind in **Weiden i. d. OPf.** (Bahnhof), **Vohenstrauß, Moosbach** und **Eslarn** (siehe unter www.nwn-bus.de). Reservierungen sind unter Telefon 0180/1726934 möglich. Für alle Radfahrer, die Kräfte sparen wollen und ohnehin eine Fahrt mit dem Bus planen: Wer den Bockl von Eslarn aus in Angriff nimmt, fährt in vielen Abschnitten leicht bergab. Wem die gesamte Strecke zu kurz ist, dem sei verraten: Der Bockl ist Teil des Paneuropa-Radwegs, der die Metropolen Paris und Prag verbindet.

Die Kreuzbergkirche in Pleystein ist auf einem großen Rosenquarzfelsen erbaut.

Freizeit, wo einst Dampfloks fuhren

Der frühere Pfrentschweiher ist heute Lebensraum vieler seltener Tiere und Pflanzen.

Auch das stark vom Aussterben gefährdete Braunkehlchen ist dort anzutreffen.

sind viele Mineralien neu entdeckt worden. Nach Beendigung des Abbaus füllten sich die Gruben Mitte der 80er Jahre rasch mit Grundwasser. Der noch nicht geborgene Mineralienschatz liegt jetzt mehrere Meter tief unter Wasser. Das Gelände ist heute ein Naturschutzgebiet mit seltenen Tier- und Pflanzengesellschaften. Berühmt ist Waidhaus weiter für seine zahlreichen Nepomuk-Darstellungen.

Mit dem Naturschutzgebiet **Pfrentschweiher-Wiesen** führt der Bockl zwischen Waidhaus und Eslarn zu einem Dorado seltener Tiere und Pflanzen. Im Mittelalter befand sich dort einer der größten Stauseen Deutschlands. Die Landgrafen von Leuchtenberg ließen das über vier Quadratkilometer große Gewässer im 14. Jahrhundert zur Fischzucht anstauen. Mitte des 19. Jahrhunderts wurde der riesige Teich aufgegeben. Um das Gewässer ranken sich einige Sagen. Eine berichtet, dass der Erbauer keine Ruhe findet, weil er, von blindem Ehrgeiz getrieben, viele Bürger beim Bau des Teichs in den Tod getrieben hat. Der Teufel soll den Landgrafen noch immer mit Eisenketten um den einstigen Teich jagen. Man erzählt sich ferner, dass das Gewässer eine verwunschene Stadt bedeckt hat. Ein Riesenfisch trug an einem Halsband den goldenen Schlüssel zu den Toren. Doch keinem Menschen gelang es, den Zauberfisch zu fangen.

Tipp: Zoiglmuseum im Alten Brauhaus

Mit dem Zoigl hat der Markt **Eslarn** eine besondere Attraktion zu bieten. Gekocht und gehopft wird die Würze für den naturtrüben Gerstensaft im alten Kommunbrauhaus, an das ein Zoiglmuseum und ein Probierstüberl angegliedert sind. Im bislang weltweit einzigen Zoiglmuseum erfahren die Besucher viel über die Geschichte und Tradition des Oberpfälzer Kultbiers, das mittlerweile Immaterielles Kulturerbe ist. Das Museum spannt einen Bogen vom Anbau der Rohstoffe über den Brauprozess bis hin zum Ausschank. Es gibt dort auch eine Zoiglstube, in der standesamtliche Hochzeiten möglich sind. Und natürlich steht in Eslarn auch ein Zoiglbrunnen, der auf das kultige Oberpfälzer Bierbrauchtum aufmerksam macht.

Eslarn ist einer der letzten Kommunbrauorte der Oberpfalz. Darauf weist der Zoiglbrunnen am Marktplatz hin.

Mit der Wirtschaft „Zum Strehern" gibt es zudem noch eine richtige Zoiglstube im Ort, die alle paar Wochen selbst gebrauten Gerstensaft ausschenkt. Dazu kommen deftige Brotzeiten auf den Tisch. Eine Eslarner Besonderheit ist der Rebhuhn-Zoigl. Die ungewöhnliche Bierspezialität wird aus Dinkel, Emmer und Einkorn gebraut, uralten Getreidesorten, die für Rebhühner im Raum **Tännesberg** angebaut werden.

Heute sind die **Torflohe** und die Pfrentschwiesen mit über hundertsiebzig Hektar eines der größten und bemerkenswertesten Naturschutzgebiete der Region mit Borstgrasrasen, Übergangsmooren und Bruchwaldbereichen. Die Trockenlegung hat einen ungewöhnlichen Urwald geschaffen. Das Wurzelwerk gewaltiger Baumriesen ist im Laufe der Jahrzehnte zum Vorschein gekommen. Manche Bäume sehen aus, als ob sie auf Stelzen stünden. Die **Pfreimd** bahnt sich nach einer umfassenden Renaturierung wieder in vielen Windungen ihren

Weg. Seltene Tiere und Pflanzen wie Schwarzstorch, Bekassine, Rundblättriger Sonnentau und Weiße Waldhyazinthe haben einen Lebensraum. Eine Nepomuk-Figur an der Pfreimdbrücke zeigt die Stelle, an der sich früher die Docke des Weihers befand.

Endstation des Bockl ist der staatlich anerkannte Erholungsort **Eslarn,** welcher vom Turm der Pfarrkirche Mariä Himmelfahrt überragt wird. Das Gotteshaus ist unter anderem wegen der ungewöhnlichen Akanthusaltäre sehenswert. Der rund dreitausend Einwohner zählende Ort hat sogar einen kleinen Tiergarten. Der Vogelzoo im Kurpark zeigt in rund dreißig Volieren vor allem heimische Singvögel.

Auch Rotwild kann man auf dem Stückberg aus nächster Nähe bestaunen.

NATURBÜHNE AM ESLARNER STÜCKBERG

Mit Unterstützung des Naturparks wurde aus dem Wildgehege am **Stückberg bei Eslarn** eine richtige Naturbühne mit jeder Menge Mitmachstationen. Dort kann man nicht nur Rotwild, Mufflons und Wildschweine aus nächster Nähe bestaunen, sondern auch erleben, wie sich Matsch unter den Fußsohlen anfühlt, wie weit Tiere springen können, welch vielseitiges Leben im Totholz beheimatet ist und wer so alles in ein Insektenhotel einziehen kann. Der rund ein Kilometer lange Weg ist über die Staatsstraße von Eslarn nach Schönsee zu erreichen. Tipp: Der Besuch des riesigen Abenteuerspielgeländes lässt sich auch prima mit einer Wanderung zum fünfunddreißig Meter hohen Aussichtsturm auf dem Stückberg verbinden.

Tipp: Naturerlebnispfad Lustweg bei Waidhaus

„Lust", so nannte der Volksmund hier die alten Hohlwege. Aus einem dieser natürlich entstandenen Trassen ist bei **Waidhaus** ein knapp drei Kilometer langer Erlebnispfad entstanden, der Lust auf Bewegung, auf Entdeckungen und auf Spiele in freier Natur macht. Dabei gibt es immer wieder was zum Staunen. Viele große und kleine Info-Tafeln, Sinnesplätze und wunderschöne Ausblicke begleiten den Wanderer. Auf die Kinder warten spannende Abenteuer am Spinnennetz, am Zauberspiegel und in der Geisterschlucht, um nur einige Stationen zu nennen. Als echter Tipp für heiße Sommertage gilt, die Wanderung anschließend in der benachbarten Freizeitanlage „Bäckeröd" (mit einer tollen Riesenwasserrutsche) ausklingen zu lassen.

Zu Bewegung in freier Natur fordert der Lustweg auf.

Auf dem Aussichtsturm auf dem Stückberg liegt der Naturpark Nördlicher Oberpfälzer Wald zu Füßen.

Zu den höchsten Erhebungen im Naturpark gehört der von einem Gipfelkreuz gekrönte Mitterberg bei Pleystein.

Wo Erholung bis an die Grenzen geht

Reich an Höhepunkten, und dies im wahrsten Sinne des Wortes, ist das Grenzgebirge des Nördlichen Oberpfälzer Waldes. Die bewaldete Bergkette ist der Rest eines vor fünfhundert Millionen Jahren entstandenen gewaltigen Hochgebirges. Wind und Wetter haben daraus sanfte Waldbuckelwelten geformt, die selbst Ungeübten Besteigungen ermöglichen. Wer die zerklüfteten Felsriesen auf dem Gebirgsstock sieht, kann verstehen, warum es hier so viele Sagen von zwergenhaften Schrazeln, furchterregenden Hoi-Männern, gütigen Holzfrauen, feurigen Gestalten, goldgierigen Venezianern und anderen seltsamen Figuren gibt.

Von den Tiefen des Naabtales geht es bis zu fünfhundert Meter hoch auf Gneis- und Granitkuppen hinauf. Die höchsten Erhebungen sind der **Steinberg** bei Bärnau (802 Meter), der **Buchberg** (799 Meter), der **Kutscherberg** (809 Meter) und der **Entenbühl** bei Altglashütte (901 Meter), der **Schellenberg** bei Georgenberg (829 Meter), der **Mitterberg** bei Pleystein (784 Meter), der **Fahrenberg** bei Waldthurn (801 Meter) sowie der **Stückberg** bei Eslarn (809 Meter). Faszinierende Aus- und Einblicke entschädigen immer wieder für die Mühen des Aufstiegs.

Auch der Luchs ist immer wieder im Naturpark unterwegs.

Früher waren in den dichten Bergmischwäldern nachts Schmuggler unterwegs. Heute schleicht wieder der Luchs auf leisen Samtpfoten durch das Unterholz. Die abgeschiedenen Plätze sind ein ideales Jagdrevier für die Großkatze, die vor einigen Jahren aus dem Bayerischen Wald oder Böhmen zurückgekehrt ist. Die Felslandschaften bieten dem scheuen Tier viele Unterschlupf- und Versteckmöglichkeiten. Erst bei Einbruch der Dunkelheit wagt sich „Pinselohr" aus seinem Versteck und stellt Rehen, Hasen, Wildschweinen, Füchsen und Vögeln

Steinbrüche, wie hier bei Michldorf in der Gemeinde Leuchtenberg, sind meist wertvolle Lebensräume, da sich hier gerne seltene Tiere und Pflanzen ansiedeln.

Der selten gewordene Uhu findet in alten Steinbrüchen ideale Nistplätze.

nach. Auf der Speisekarte stehen alle Tiere, die der Luchs überwältigen kann. Schwer zu sagen, wie viele Luchse im Naturpark leben. Die listigen Jäger beanspruchen riesengroße Reviere von oft mehreren hundert Quadratkilometern.

Die abgelegenen Waldwiesen mit Borstgrasrasen bieten auch anderen seltenen Tieren und Pflanzen ein Zuhause. Dort gedeihen Arten wie Arnika, Schwarzwurzel und Kleine Pillensegge.

Die kantigen Felswände und schroffen Steintürme sind zudem ein wichtiges Rückzugsgebiet für den Uhu, der mit rund siebzig Zentimetern größten Eulenart Europas. Der Vogel baut mit Vorliebe seine Nester in die Nischen von Felsen. Das braunschwarze, gefleckte Federkleid bietet ihm dort eine perfekte Tarnung. Lautlos schwingt sich der Uhu von seinem Ansitz in die Luft und stellt allen möglichen Wirbeltieren nach. Ein Leibgericht sind Igel, die der Vogel fein säuberlich aus dem Stachelkleid schält. Ein Hinweis auf das Vorkommen der großen Eulen

Tipp: Teil des Grünen Bands Europas

Im Naturpark Nördlicher Oberpfälzer Wald liegen wichtige Trittsteine des **Grünen Bands Europas.** Darunter versteht man den einstigen, lange unbesiedelten Grenzstreifen zwischen Ost und West. Auf einer Gesamtlänge von über 12.500 Kilometern verbindet er das Eismeer im Norden Norwegens mit dem Schwarzen Meer an der Grenze zur Türkei. Vierundzwanzig europäischen Staaten sind dadurch verbunden. Die einstige Todeslinie, die Hunderten von Menschen das Leben gekostet hat, ist eine einzigartige Lebensader für seltene Tiere und Pflanzen geworden. Der Bund Naturschutz, der nach dem Fall der Mauern und Grenzzäune dieses Grüne Band zuerst an der innerdeutschen Grenze ins Spiel gebracht hat, spricht gerne auch von einer „Arche Noah", die hier mitten in Europa vor Anker liegt. Allein in Deutschland gibt es auf dieser Arche über 1.200 Rote-Listen-Arten zu entdecken.

Der einstige Todesstreifen an der Grenze ist jetzt eine Wanderachse für seltene Tiere und Pflanzen.

Schon zur Zeit des Eisernen Vorhangs erkannten Naturschützer, welch besonderen Wert der Grenzstreifen für die Natur darstellt. Tiere und Pflanzen,

Auch die selten gewordene Arnika kommt dort noch vor.

die andernorts selten geworden oder sogar schon ausgestorben sind, haben auf dem meist 80 bis 200 Meter breiten Grenzstreifen ein wichtiges Refugium. Man kann dort Vögel wie Braunkehlchen, Raubwürger, Ziegenmelker und Schwarzstorch entdecken, Reptilien wie die Kreuzotter beobachten und Pflanzen wie Teufelsabbiss, Breitblättriges Knabenkraut und Arnika finden. Sie alle bekamen in den verwaisten Brachflächen am **Eisernen Vorhang** ein Rückzugsgebiet. Als besonders wertvoll wird dabei im Nördlichen Oberpfälzer Wald das grenzüberschreitende Tal der **Pfreimd** eingestuft.

sind seltsame, mäusegroße Presskugeln mit Knochen, Haaren, Federn und anderen Speiseresten auf dem Boden. Die von Fachleuten als Gewölle bezeichneten Speiballen würgen die Eulen nach der Mahlzeit wieder heraus. Den dämmerungsaktiven Jäger selbst bekommt man nur selten zu Gesicht, aber sein kreischendes „Chrää" ist weithin zu hören. Nur zur Brutzeit hallt übrigens das dumpfe „Buho, Buho", das dem Vogel seinen Namen gegeben hat, durch die Nacht.

Irgendwann wird wohl auch ein Wolfsrudel wieder im Grenzgebirge leben. Einzelne durchwandernde Tiere gibt es schon. Ebenso wie Elche, die ab und zu den Oberpfälzer Wald durchqueren. Bären gibt es ohnehin schon wieder. Keine Angst, es handelt sich nicht um die früher hier heimische Art, sondern um kleine putzige Waschbären, die vor vielen Jahren aus Zuchtgehegen entkommen sind und sich in freier Wildbahn rasch vermehrt haben. Ebenso wie der Mink, der an den vielen Flüssen Lebensräume der Fischotter besiedelt hat.

> ### ℹ HISTORISCHER BÖTTGERWEG
>
> Einer der ungewöhnlichsten Wanderrouten im Naturpark ist der **Historische Böttgerweg,** der von der Oberpfalz ins Böhmische hinüberführt. Damit kann man auf zwei Routen die traurige Geschichte der Menschen und Dörfer entlang des ehemaligen Eisernen Vorhangs erwandern. Auf über einem Dutzend Info-Tafeln erzählt er die Geschichte der Sudetendeutschen nach dem Zweiten Weltkrieg. Der Wanderweg führt zur Böttgersäule, zu einem Denkmal, das scheinbar im Nirgendwo aufgestellt worden ist. Es erinnert an Bezirksobmann Dr. Josef Böttger, der sich im 19. Jahrhundert Verdienste um die verkehrsmäßige Erschließung des Gebiets erworben hat. Früher war die Säule ein Denkmal in Paulusbrunn, einer etwa 1.400-Seelen-Gemeinde, die wirtschaftlich eng mit **Bärnau** verbunden war. Nach dem Zweiten Weltkrieg wurden die Einwohner vertrieben und der Ort dem Erdboden gleichgemacht. Nach dem Kalten Krieg wurde die Säule renoviert und zum Mittelpunkt des Wegs, der auch der Völkerverständigung dienen soll, gemacht. Ein guter Ausgangspunkt für die insgesamt 18 Kilometer langen Strecken ist der Parkplatz am Grenzübergang Bärnau.

Apropos Wasser: Wegen einer Sage weit und breit bekannt ist der Sulzteich bei **Beidl** in der Nähe von Plößberg. Mitten aus dem Wasser ragt ein Findling mit einer Kreuzigungsgruppe. Nach alten Erzählungen wollte mit diesem Felsen der Teufel die katholische Pfarrkirche Mariä Himmelfahrt im Ort zerstören. Er kam in Gestalt einer Krähe und hatte einen Stein im Schnabel, den er über dem Gotteshaus in die Tiefe fallen lassen wollte. Als er über den Sulzteich flog, begannen die Glocken zu läuten. Vor Schreck ließ der Vogel den Brocken fallen und suchte, begleitet von Blitz und Donner, das Weite. Der Stein aber wurde im Fallen immer größer und klatschte schließlich als gewaltiger Felsblock ins Wasser. Wenn am Karfreitag um 12 Uhr die Glocken läuten, soll er sich um seine eigene Achse drehen. Gesehen hat dies freilich noch niemand, da am Todestage Christi die Glocken stumm bleiben.

Im nahen Dörfchen **Stein** gibt es in der Baumeister Muttone zugeschriebenen Kirche Sankt Laurentius ein ungewöhnliches Weltgerichtsgemälde. Unter dem Eindruck des Zweiten Weltkriegs hat der Schlesier Ossy Tytlik den Satan zusammen mit Nazi-Größen sowie Josef Stalin abgebildet. Tytlik wanderte später in die USA aus und wurde ein berühmter Kirchenmaler.

Museum über Glasofenbau

Mit dem Großen Weiher hat **Plößberg** eines der schönsten Waldstrandbäder des Naturparks (mit Bootsverleih). Wer auf den Spuren von Mühlen wandern will, für den gibt es einen zwölf Kilometer langen Themenweg zu ehemaligen Mahlstätten. Der Ort ist zudem für seine Glasofenbauer berühmt. Davon kündet ein Museum im Rathaus. Ganz in der Nähe liegt mit der zum **Liebenstein-Stau-**

Am Böttgerweg, der in das tschechische Nachbarland führt, gibt es im Sommer violette Blütenteppiche der Nachtviole am Wegesrand zu bestaunen.

DAS GANZE JAHR KINDLEIN, OCHS UND ESEL IM BLICK

Der Markt **Plößberg** ist weit und breit bekannt für seine Krippentradition, welche die Glasofenbauer von Fahrten mit in ihre Heimat gebracht haben. Alle fünf Jahre verwandeln die Hobbykünstler mit ihren „Mandln", Wurzeln, Moosen und Rinden den Kultursaal in ein Weihnachtsmuseum. Natürlich muss man nicht so lange warten, um original Plößberger Krippenfiguren zu sehen. Im **Krippenmuseum** sind ganzjährig drei große Hauskrippen und eine mechanische Krippe ausgestellt. Zur Weihnachtszeit laden viele Familien in den Jahren ohne große Ausstellung zum Krippenschauen in ihre Privathäuser ein. Oft gibt es dabei auch ein Stamperl Schnaps zum Aufwärmen.

2022/2023 gab es bei der traditionellen Krippenschau sogar einen Weltrekord zu feiern. Die Plößberger präsentierten in Bezug auf die Zahl der Figuren die größte begehbare Krippe der Welt. Auf einem rund siebzig Meter langen Krippenberg standen im Kultursaal über achttausend selbst geschnitzte Figuren. Neben vielen biblischen Szenen aus dem Alten und Neuen Testament gab es auch viele Szenen aus dem Oberpfälzer Leben zu bestaunen. Die Krippenschau im Rathaus ist übrigens Teil eines Dreiermuseums. Die beiden anderen Ausstellungen beschäftigen sich mit dem Bau von Glasschmelzöfen „made in Plößberg" und mit Gläsern, die in diesen Öfen hergestellt werden können.

see angestauten Waldnaab ein achtzig Hektar großes Gewässer für Wassersportler, auf dem auch Surfen möglich ist. Weitere schöne Ziele sind der Aussichtshügel **Vogelherd** und die Burgruine in **Liebenstein,** deren Mauern ein Bürgerverein wieder freigelegt und behutsam ergänzt hat. Nach einer Sage soll auf dem Burgberg eine Wiege oder eine Kutsche aus Gold vergraben sein.

Lohnenswert ist ein Abstecher nach **Wildenau.** Die wehrhafte Burg im Ort diente in der Staufischen Zeit dazu, den Handelsweg Goldene Straße von Nürnberg nach Prag abzusichern. Das alte Gemäuer kann leider derzeit nicht besichtigt werden.

Für seine Krippentradition ist die Marktgemeinde Plößberg bekannt.

Tipp: Burgruine Haselstein

Zwischen **Flossenbürg, Floß** und **Plößberg** befindet sich im Wald versteckt noch eine weitere Burgruine: die Reste der Burg **Haselstein** auf der gleichnamigen, 705 Meter hohen Anhöhe. Die erst vor einigen Jahren wiederentdeckte Anlage ist wenig erforscht. Es dürfte sich um eine spätmittelalterliche Höhenburg gehandelt haben. Auf den Resten eines freigelegten Turmsockels steht eine Holzhütte, die auch an Waldfeste erinnert, die dort früher gefeiert wurden. Am schnellsten ist die Ruine über einen Wanderweg von **Konradsreuth** aus zu erreichen. Vom Wanderparkplatz nordöstlich des Ortes sind es rund drei Kilometer bis zur Ruine. Unterwegs trifft man dabei auch den „Steinernen Hund". Der Haselsteinradweg, der den Stiftländer Vizinalbahnradweg mit dem „Bockl" im Nördlichen Oberpfälzer Wald verbindet, führt ebenfalls nahe an der Anlage vorbei.

Im Wald versteckt liegen die Reste der Ruine Haselstein.

Die Burg Wildenau diente einst auch dazu, den Handelsweg von Nürnberg nach Prag abzusichern.

Bei **Bärnau** dominieren dagegen wunderschöne Hochmoorbereiche. Das Wasser ist extrem kalk- und nährstoffarm, was eine gespenstisch anmutende, spärliche Vegetation zur Folge hat. Naturlehrpfade ermöglichen ungewöhnliche Einblicke in diesen Lebensraum. Früher wurde Bärnauer Torf sogar an Kurbäder als Heilmittel geliefert.

Mit dem Moorweiher, in dem Baden und Bootfahren erlaubt ist, liegt eines dieser Naturparadiese nur etwa einen Kilometer vom Stadtkern entfernt. Ein Besuch lässt sich gut mit einem kleinen Stadtbummel verbinden. Hier kommen vor allem Geschichtsinteressierte voll auf ihre Kosten. Durch die Lage an der Goldenen Straße von Nürnberg nach Prag hat der Ort viele prominente Reisende gesehen. Allein Kaiser Karl IV. war über fünfzig Mal mit seinem Gefolge auf der Trasse unterwegs. Auch der auf dem Scheiterhaufen verbrannte böhmische Religionsreformer Jan Hus hat auf seinem Weg zum Konzil nach Konstanz 1414 den Ort passiert. Deutsch-tschechische Festspiele mit zweisprachigen Theateraufführungen und Ritterspiele halten die Erinnerung daran wach: ein besonderer Farbtupfer im „Ostbayerischen Festspielsommer".

GANZ UND GAR NICHT K(N)OPFLOS

Jung und Alt kommen im **Knopfmuseum** im ehemaligen Kommunbrauhaus von **Bärnau** auf ihre Kosten. Der Fundus der Ausstellungsstücke besteht aus Millionen von Verschlüssen. Der aus Mähren stammende Unternehmer Johann Müller hat diese Handwerkskunst 1895 nach Bärnau gebracht. Weitere Betriebe folgten und machten das Städtchen zu einer Weltstadt der Knopfproduktion. Zeitweise gab es mit der „Iknofa" sogar eine internationale Bärnauer Knopf-Fachmesse. Das Museum ist dienstags, donnerstags sowie an Sonn- und Feiertagen von 14 bis 17 Uhr geöffnet. Für Gruppen ab fünfzehn Personen sind Führungen möglich, Telefon 09635/9203-19.

Millionen von Knöpfen sind im Bärnauer Knopfmuseum zu sehen.

Dort, wo die Sonne nicht hinkommt, überwuchern, wie hier im Wald bei Bärnau, dicke Moosteppiche die Steine im Bachbett.

Zauberer Marco Knott hat in Bärnau das ehemalige Kino der Stadt zu einem Zaubertheater umgebaut. Dort sorgt er nun für magische Momente.

MAGISCHES SCHLOSSTHEATER

Ein im wahrsten Sinne des Wortes zauberhaftes Ausflugsziel ist das Haus an der Schlossgasse 1 in **Bärnau.** Dort passiert seit einiger Zeit Geheimnisvolles. Münzen verschwinden und tauchen unvermittelt wieder auf, Seile verschmelzen und Kontoauszüge verwandeln sich in Geldscheine. Magie ist in das Haus eingezogen.

Der aus dem Grenzstädtchen stammende Zauberer Marco Knott hat das frühere Kino seines Opas aus dem Dornröschenschlaf geweckt und zum „Magischen Schlosstheater" umgebaut. Der Zauberer hat sich damit einen Traum erfüllt. In seinem **Zauberkino** steckt nicht nur viel Filmnostalgie, sondern auch jede Menge moderne Technik, die das „Schlosstheater" auch zu einer exklusiven, vielfältig nutzbaren Eventlocation mit Bühne, Lounge-Bereich und Bar, in der natürlich ebenfalls Magie steckt, macht.

Tipp: Der Geschichtspark Bärnau-Tachov

Bei **Bärnau** besteht die Möglichkeit, ins Mittelalter abzutauchen, in die Zeit, als noch Wolf und Bär das Gebiet durchstreiften, als sich hier Slawen und Germanen friedlich begegneten, als gesägte Bretter und Dreifelderwirtschaft ganz neue Errungenschaften waren. Der Geschichtspark Bärnau-Tachov ist eines der ungewöhnlichsten Freilichtmuseen Deutschlands und lädt zu einer Zeitreise in die Epoche von 900 bis 1300 nach Christus ein.

Nach archälogischen Befunden werden eine frühmittelalterliche slawische Siedlung und ein Hochmittelalterdorf rekonstruiert. Herzstück und Wahrzeichen des Mitmachmuseums ist eine Turmhügelburg mit Wehrturm und Palisade, wie sie damals im heutigen Naturpark zu Dutzenden stand. Als Bodendenkmal geschützte Reste einer Speisenzubereitung in einer solchen Burg sind zum Beispiel noch beim Rastenhof zwischen **Neustadt a. d. Waldnaab** und **Püchersreuth** zu sehen.

Blickfang im Geschichtspark ist eine Turmhügelburg mit Wehrturm.

Das mit dem ADAC-Tourismuspreis 2012 ausgezeichnete Museum befindet sich, ebenso wie die genannte Turmhügelburg, an der Goldenen Straße, einer bedeutenden Handelsroute, die Nürnberg mit Prag verband. Im Endausbau soll es auf dem etwa sechseinhalb Hektar großen Gelände fast zwei Dutzend mittelalterliche Bauwerke geben, darunter eine historisch nachgebaute Herberge und eine Urkirche. Die Kinder können sich nach Anmeldung beim Speerwerfen, beim Brotbacken in einem alten Lehmkuppelofen, beim Zaunbau oder auf einem der Spielplätze rund um das Gelände vergnügen. Das ungewöhnliche Museum ist in der Regel von März bis November von 10 bis 18 Uhr geöffnet. Weitere Informationen unter www.geschichtspark.de

Von oben kann man sich gut einen Überblick über das Mittelalterdorf verschaffen.

Tipp: Skilanglaufzentrum bei der Silberhütte

Ein Paradies für Langläufer ist das böhmisch-bayerische Skilanglaufzentrum **Silberhütte** (mit Skiverleih und Flutlicht-Nachtloipe). Auch Gold-Biathletin Uschi Disl sowie Weltmeister Eric Frenzel, ein Nordisch-Kombinierer, der ganz in der Nähe sein Zuhause hat, holten sich hier schon ihre Fitness für Weltcupkämpfe.

Eine Beschneiungsanlage sorgt dafür, dass es dort, auf Höhen zwischen siebenhundert und neunhundert Metern, deutlich länger Winter ist als in den anderen Gegenden des Naturparks. Die Brettlfans haben die Qual der Wahl: Sechs klassisch gespurte Loipen und fünf Skatingstrecken führen durch den Grenzwald – die kürzeste ist gerade mal zwei Kilometer lang, die längste misst zwölf Kilometer. Skilanglaufen auf der Silberhütte ist im wahrsten Sinne des Wortes ein grenzenloses Vergnügen. Auf der Zehn-Kilometer-Loipe können die Wintersportler von Deutschland nach Tschechien wechseln. An Wochenenden lädt oft im Nachbarland in Goldbach (Zlatý Potok) eine bewirtschaftete Hütte zur Einkehr ein. Dorthin führt alljährlich auch der Bayerisch-Böhmische Volksskilauf, ein großes Spektakel für Jung und Alt. Ein Umkleide- und Wachsraum in der Langlaufhütte sorgen dafür, dass auch ambitionierte Sportler voll auf ihre Kosten kommen. Das Schutzhaus Silberhütte (mit Übernachtungsmöglichkeit) lässt zudem den Spaß beim Après-Ski nicht zu kurz kommen. Für Wanderer sind im Winter eigene Strecken ausgewiesen. Infos und die Öffnungstage der Hütte unter Telefon 09635/1661 oder 1344 (www.slz-silberhuette.de).

oben:
Sechs Loipen und fünf Skatingstrecken stehen bei ausreichender Schneelage im Skilanglaufzentrum zur Verfügung.
unten:
Auch Schneeschuhwandern ist in den ausgedehnten Wäldern bei der Silberhütte möglich.

Auf dem Weg zur nahen Grenze steht idyllisch am Ende einer als Kreuzweg gestalteten Allee auf dem Steinberg die Wallfahrtskirche Zum Gegeißelten Heiland. Ganz in der Nähe befindet sich, im Wald versteckt, der kleine Grenzlandturm, den der eisige Wind, Raureif, Schnee und Eis oft in ein bizarr aussehendes kleines Märchenschloss verwandeln. Bei Bärnau befindet sich außerdem eine europäische Wasserscheide. Einige Bächlein steuern über die Elbe die Helgoländer Bucht an. Das Wasser in den anderen Fließgewässern des Naturparks mündet fast ausnahmslos über Naab und Donau im Schwarzen Meer.

Sagenhafter Kreuzbrunnen

In diesem Gebiet lässt sich vortrefflich Wintersport betreiben. Der **Wurmsteinhang** bei **Flossenbürg** sowie der **Fahrenberg** bei **Waldthurn** bieten mit ihren Skiliften und bis zu 1.100 Meter langen Abfahrtspisten beste Voraussetzungen für ungetrübtes Schneevergnügen. Eine Beschneiungsanlage mit zwei Turbinen sorgt auf dem Fahrenberg dafür, dass reichlich weiße Pracht vorhanden ist.

Im Sommer ist das Grenzgebirge ein Paradies für Wanderer. Ein beliebtes Ziel in Nähe der Silberhütte ist der **Kreuzbrunnen,** aus dem die Waldnaab entspringt. Nach alten Überlieferungen trafen dort einst die Gebiete dreier Herren, die des Königs von Böhmen, des Churfürsten von Bayern und des Fürsten von Lobkowitz, aufeinander. Jeder Herrscher konnte nach den Erzählungen von seinem Grund und Boden das Wasser aus der Quelle trinken. Eine Granitbank mit dem Wappen der Städte, die der Fluss bis zu seiner Vereinigung mit der Haidenaab passiert, lädt zur Rast ein. Auf dem Gipfel des **Entenbühl,** des höchsten Bergs des Naturparks, gibt es mit der Hubertuskapelle zudem ein ungewöhnliches kleines Sakralgebäude. Der Waldverein hat die Andachtsstätte als Mahnung aus einem alten Bunker erbaut, den die Nazis 1938 hier anlegen ließen. Ein beliebtes Einkehr-

NURTSCHWEG

Der bekannteste Wanderweg durch das Grenzgebirge ist der mit gelbrot-gelben Querbalken gekennzeichnete **Nurtschweg** des Oberpfälzer Waldvereins, einer der bekanntesten Hauptwanderwege der Oberpfalz und Teil des Fernwanderweges E 6 Ostsee-Adria. Benannt ist die Trasse nach dem Weidener Postbeamten Johann Baptist Nurtsch, der den Weg erschlossen hat. Der Weg führt unter dem Grünen Dach Europas von der Klosterstadt **Waldsassen** bis Waldmünchen. Stationen im Naturpark sind unter anderem **Bärnau, Silberhütte, Schellenberg, Gehenhammer, Pleystein, Waidhaus** und der **Sulzberg** bei **Eslarn.**

Der „Weg des Granits" führt auch zu einer Steinhauerhütte.

ziel ist das vom Oberpfälzer Wald erbaute grenznahe Schutzhaus **Silberhütte.**

Malerisch von Granitkuppen überragt wird der Ort **Flossenbürg.** Auf dem **Schlossberg** steht die Wappenburg des Nördlichen Oberpfälzer Waldes. Die Mauerreste auf dem 732 Meter hohen Gipfel scheinen auf den ersten Blick mit dem Granituntergrund eng verwachsen zu sein. Einer der Herren von Sulzbach hat die Festung um 1100 am Ende des Floßbachtals errichten lassen, um den Grenzraum besser kontrollieren zu können. Die einstmals stolze Anlage hat zahlreiche Wechsel erlebt. Die Staufer tauchen ebenso in den Besitzbüchern auf wie die Wittelsbacher oder böhmische Landesherren. Prominentester Eigentümer war Friedrich Barbarossa, für den dieses Gebiet eine wichtige Brücke zwischen seinen Ländereien in Nürnberg und Eger darstellte.

Im Dreißigjährigen Krieg (1618 bis 1648) wurde die Burg stark beschädigt und verfiel zusehends. Nach einer Sage hat ein Verräter den Schweden ermöglicht, die Burg zu erobern. Auf dem Plattenberg soll aus dieser Zeit noch eine silberne Kanone vergraben sein. Mit den historischen Aufzeichnungen stimmt dies freilich nicht überein. Danach haben die Dragoner des

BURG- UND STEINHAUERMUSEUM

Wer sich für die Geschichte des Granitabbaus, die schwere Arbeit im Steinbruch und die Burgruine in **Flossenbürg** interessiert, ist im **Burg- und Steinhauermuseum** in der früheren Postfiliale an der Silberhüttenstraße 4 richtig. Grabungsfunde von der Hohenstaufenfeste sind ebenso zu sehen wie Werkzeuge für die Granitgewinnung und Kunstwerke, die aus dem Urgestein entstanden sind. Das Museum ist Ende Mai bis Ende August an Sonn- und Feiertagen von 14 bis 17 Uhr geöffnet. Gruppenführungen sind nach Vereinbarung möglich. Infos unter Telefon 09603/9206-0.

Zudem gibt es einen „Weg des Granits", der vom Aufgang der Burg auf einer Länge von rund 1,8 Kilometern um den Schlossberg führt. Unterwegs sieht man unter anderem auch zwei alte Steinbrüche, den Nachbau einer Steinhauerhütte und Eisenloren. Gehzeit: etwa eineinhalb Stunden.

Das Berg-Sandglöckchen ist eine Blume, die auf den Granitböden zurechtkommt. Seine Wurzeln wachsen bis zu einem Meter tief in die Erde.

Die Burgruine Flossenbürg ist die Wappenburg des Naturparks.

Leibregiments von Herzog Bernhard von Sachsen die Burg angezündet. Erst Ende des 20. Jahrhunderts besann man sich auf den Wert des Denkmals und legte vergessene Mauerreste unter Schutt und Geröll wieder frei.

Blickfang der Ruine, die ganzjährig kostenlos besichtigt werden kann, ist der hochmittelalterliche Wohnturm, der fast zehn Meter in den Himmel ragt und aus der Frühzeit der Burg stammt. Karten aus dem 17. Jahrhundert belegen, dass das Wahrzeichen früher von Zinnen gekrönt war. Von oben hat man eine prächtige Aussicht. Unterwegs heißt es Augen auf: Gemäß einer Sage geht eine weiße Jungfrau auf der Festung um, die einen Schatz loswerden will, um endlich erlöst zu sein. Ein farbenfrohes Spektakel für Jung und Alt sind die Aufmärsche der historisch gekleideten Burgwehr.

Die Anhöhe ist seit Jahrzehnten Naturschutzgebiet mit Trockenrasenflächen und ungewöhnlichen Felsspaltengesellschaften. Berg-Sandglöckchen, Bauernsenf, Katzenminze, Bilsenkraut, Mondraute, Mauerrautenfarn, Zerbrechlicher Blasenfarn, Mauerfuchs und Dach-Trespe gedeihen dort. Schafe sor-

KEPLERPFAD

Ein wunderschöner Wanderweg von **Weiden i. d. OPf.** zur **Silberhütte** ist der **Keplerpfad,** für den das gleichnamige Weidener Gymnasium die Patenschaft übernommen hat. Los geht es in der Stadtmitte an der Wandertafel beim Zentralen Omnibusbahnhof (ZOB). Der mit einem roten Dreieck auf weißem Grund ausgeschilderte Weg lässt sich gut in zwei etwa gleich lange Etappen einteilen: von Weiden bis **Floß** und von Floß bis zur Silberhütte.

Tipp: Zu Gast in der alten Mühle Gehenhammer

In der Nähe des **Schellenbergs** gibt es mit der alten **Mühle von Gehenhammer** eine der ungewöhnlichsten Brotzeitstuben des Naturparks. Der Oberpfälzer Waldverein hat die Mühle in den 70er Jahren des 20. Jahrhunderts vorbildlich renoviert und wieder das alte Mahlwerk eingebaut. Die Knechtkammer wurde zu einer urigen Brotzeitstube. Gehen Sie doch bei einer gemütlichen Einkehr einmal Begriffen wie Mühlpfannl, Rüttelschuh, Beutelstock und Vortrögl auf den Grund.

Ein hölzernes Wasserrad hat früher das Mahlwerk in der Mühle von Gehenhammer angetrieben.

Früher stand dort ein Hammerwerk. Der in alten Schriften erwähnte Hammer von Gern ist aber in den Hussitenkriegen zerstört worden. Anschließend nutzte man die Wasserkraft am Drachselbach für eine Säge. Die Mahlmühle wurde 1834 errichtet. Bis Mitte der 1960er Jahre war sie in Betrieb. Gleich um die Ecke, in Waldkirch, verbrachte übrigens die bekannte Sängerin Brigitte Traeger ihre Kindheit. Sie hat ihrer Heimat mehrere Lieder gewidmet. Die Mühle ist auch Ausgangspunkt des knapp achtzig Kilometer langen Glasschleiferwegs, der über Georgenberg in das romantische Zottbachtal, ein historisches Zentrum der Flachglasveredelung, führt. Ausgezeichnet ist der Rundkurs mit einem stilisierten Glas auf rotem Grund.

gen dafür, dass die Flächen nicht verbuschen. Berühmt ist der Burgberg auch für die schönste Granitformation Nordbayerns. Wie Zwiebelschalen liegen die Schichten des Urgesteins aufeinander. Vom Burgweiher ist dies besonders gut zu sehen. Bei schönem Wetter spiegeln sich die grauen Schalensteine im tiefblauen Wasser. Die Scheiben sind beim Abbau vor Jahrzehnten freigelegt worden. Das Flossenbürger Urgestein genießt bei Künstlern einen guten Ruf. In vielen Städten stehen Kunststeine „made in Flossenbürg". Der vielleicht bekannteste ist der zehn Meter lange Klagebalken auf dem Münchener Olympiagelände, der an das Attentat während der Spiele 1972 erinnert.

Die KZ-Gedenkstätte Flossenbürg erzählt von einem dunklen Kapitel der Region.

Am Gaisweiher gibt es Attraktionen für Jung und Alt.

Der Abbau des Urgesteins war der Grund dafür, dass die NS-Schergen hier ein Konzentrationslager einrichteten. Sieben Jahre lang mussten Häftlinge mit primitiven Methoden unter menschenunwürdigen Bedingungen Granitquader und -platten brechen. Der Werkstoff aus der Oberpfalz war begehrt für die Prestigeobjekte der Nationalsozialisten. Zu Flossenbürg gehörten rund hundert Außenlager. Über hunderttausend Menschen aus dreißig Nationen waren nach Schätzungen hier eingesperrt. Etwa dreißigtausend Inhaftierte überlebten dies nicht. Unter den vielen hingerichteten politischen Gefangenen war Pfarrer Dietrich Bonhoeffer, dessen Text „Von guten Mächten wunderbar geborgen" der kirchliche Liedermacher Siegfried Fietz sehr populär gemacht hat. Als das Dritte Reich kurz vor dem Zusammenbruch stand, ließ die SS das Lager räumen. Zu Tausenden wurden die Gefangenen wie Vieh weggetrieben. Die Todesmärsche zogen eine Spur des Leidens durch die Oberpfalz.

Eine modern gestaltete **KZ-Grab- und -Gedenkstätte** hält die Erinnerung an die schrecklichen Ereignisse wach. Die Kapelle auf dem Gelände ist nach der Befreiung des Lagers durch die 90. US-Infanteriedivision aus den Steinen ehemaliger Wachtürme erbaut worden.

Mittelpunkt der „Alten Welt"

Aus Granit ist auch ein bemerkenswertes Kunstwerk im nahen Ortsteil **Hildweinsreuth**. Eine im Boden eingelassene, etwa zweieinhalb Meter große Erdscheibe zeigt den Mittelpunkt der „Alten Welt". Grundlage des mit Hilfe der

Im Wald versteckt liegt die Burgruine Schellenberg. Einst sollen dort Raubritter gehaust haben.

sphärischen Geometrie ermittelten Punktes war das Reich Kaiser Karls VI. (1711 bis 1740). Ganz in der Nähe befindet sich mit dem **Gaisweiher** ein wunderschönes Badegewässer mit Erlebnisbereich, Piratenspielplatz, Grillhütte, Terrassen-Campingplatz, Seebühne, Café-Restaurant und anderen Attraktionen. Der Eintritt ist frei.

Ein beliebtes Wanderziel ist weiter südlich die Burgruine auf dem **Schellenberg.** Im wildromantischen Bergwald versteckt, ist sie heute wie damals ein letzter Haltepunkt, bevor es ins Böhmische hinübergeht. Rund einen Kilometer östlich verläuft die Landesgrenze. Die Burg wurde im 14. Jahrhundert von den Herren von Waldau und Waldthurn erstellt und „Lug ins Land" getauft. Der Name verrät bereits, dass Sicherheitsüberlegungen der Grund für die Errichtung waren. Mit den Festungen **Flossenbürg, Fahrenberg, Pleystein** und **Leuchtenberg** bildete Schellenberg eine regelrechte Verteidigungskette. Rund hundertfünfzig Jahre nach dem Bau ging die Burg 1498 schon wieder unter, da die fränkischen Guttenbergs von dort Feldzüge in die Kulmbacher Stammlande starteten. Als das Versteck bekannt wurde, ließ man das Gemäuer stürmen – ein guter Nährboden für zahlreiche Sagen, die sich um dieses Raubritternest ranken. Die bekannteste ist die Geschichte vom bösen Ritter Kuno, der Elisabeth von Leuchtenberg, die Tochter des Landgrafen Ulrich, geraubt und in der Burg eingeschlossen haben soll, um sie zur Hochzeit zu zwingen. Der Landgraf nahm die Festung ein und befreite die Tochter. Raubritter Kuno sowie zehn Spießgesellen ließ er beim Kalten Baum erhängen und die Knechte enthaupten. Wegen des „Schellenberg-Mandls", eines gottlosen Burgvogts, der keine Ruhe findet, wird die Burgruine nachts gemieden. Tagsüber wandern viele dorthin, um auf den Mauerresten den Aussichtsturm zu besteigen.

Umgeben ist die Ruine von seltsam anmutenden Granittürmen. Hier wird das Zusammenwirken von physikalischen und chemischen Prozessen bei der Verwitterung des Urgesteins deutlich. Die Zersetzung beginnt bereits unter der Erdoberfläche. Millimeter um Millimeter arbeitet sich aggressives Niederschlagswasser in das zerklüftete Gestein und zerlegt es in seine Mineralbestandteile. Spitze und kantige Stellen werden rund, kleine Risse weiten sich zu großen Klüften. Aufgrund ihres Aussehens bezeichnen Wissenschaftler diesen Vorgang, der vor allem bei grobkristallinen Gesteinen wie Gneis und Granit vorkommt, als Wollsack-, Kissen- oder Matratzenverwitterung. Die Fantasie beflügeln seltsame Aushöhlungen an den Felsköpfen. Nicht wenige glauben, dass es sich bei den Schüsselsteinen um uralte Opferstätten handelt. Eines der bekanntesten Naturdenkmäler ist der von einem Kreuz gekrönte Brotfelsen, an dem nach einem Weidener Heimatkundler benannten Nurtschweg nördlich der Ruine gelegen.

Es lohnt sich, die kreuz und quer verteilten Steine am Wegesrand genauer zu betrachten. Dort gibt es oft seltsames Leben. Flechten, halb Pilz und halb Alge, quellen in verschiedenen Spielarten aus Ritzen hervor und werden eins mit der Oberfläche. Manche Arten wachsen nur Bruchteile von Millimetern pro Jahr. Und trotzdem dringen sie unaufhaltsam vor. Die Natur ist geduldig. Durch Symbiose, eine ungewöhnliche Partnerschaft von Pilz und Alge, ist ein neues Wesen entstanden, das diese eigentlich lebensfeindlichen Plätze besiedeln kann. Während die Alge durch Photosynthese für Kohlenhydrate sorgt, bewahrt der Pilzanteil den Partner vor intensiver Sonneneinstrahlung. Eine der bekanntesten Arten ist das vor allem im Raum **Leuchtenberg** vorkommende Isländische Moos, das früher als Schleimlöser gesammelt wurde.

Symbiose-Spezialisten sind auch die Schwammerln, deren Fruchtkörper im Spätsommer und Herbst

OBERPFALZWEG

Viele schöne Ausflugsziele im Grenzgebirge verbindet der mit gelb-weiß-gelben Balken ausgezeichnete **Oberpfalzweg,** der auf einer Länge von fast hundertsiebzig Kilometern von der Kappl bei Waldsassen bis nach Nittenau führt. im Nördlichen Oberpfälzer Wald sind unter anderem **Hildweinsreuth, Flossenbürg, Fahrenberg, Pleystein** und **Moosbach** attraktive Wanderziele.

Granittürme im Grenzgebirge machen deutlich, warum die Zersetzung des Urgesteins auch als Matratzenverwitterung bezeichnet wird. Das Bild zeigt den Brotfelsen in der Nähe der Burgruine Schellenberg.

zahlreich aus dem Boden schießen. Das feine Geflecht der Pilze lebt unter der Erde in einer Lebensgemeinschaft mit dem Wurzelwerk der Bäume. An die tausend verschiedene Arten kommen im Nördlichen Oberpfälzer Wald vor, darunter neben schmackhaften bekannten Sorten wie Steinpilz, Pfifferling (in der Region wegen seiner auffallenden dottergelben Farbe meist „Eierschwammerl" genannt) und Rotkappe auch ungewöhnliche Vertreter wie Säufernase, Herkuleskeule, Schwiegermutterpilz, Ziegenbart und Hexenpilz. Vorsicht: Die meisten Schwammerl sind ungenießbar, viele davon sogar hochgiftig. Bei Exkursionen besteht die Möglichkeit, sich in die Welt dieser geheimnisvollen Recyclingspezialisten, von denen einige sogar im Winter unter der Schneedecke wachsen, einweihen zu lassen. Natürlich kommen die Pilze zur Hauptsaison auch als leckere Gerichte auf den Tisch. Lassen Sie sich doch einmal von einer „Schwammerlbröih" mit Dotsch verzaubern. Absolut ungewöhnlich ist auch das Angebot im Bio-Kräuterhotel „Goldene Zeit" in **Hinterbrünst** bei **Georgenberg** (mit Wellnessbereich). In der Restaurantküche sind Bärlauch, Thymian, Staudenknöterich und Gänseblümchen ganz „normale" Zutaten.

An die tausend verschiedene Pilzarten kommen im Naturpark vor. Zu den bekanntesten zählen die goldgelben Pfifferlinge.

Im 18. Jahrhundert gab es für die Wasserkraftwerke im Osten des Naturparks eine Renaissance. Rohglas aus **Frankenreuth** (gehört heute zum Markt Waidhaus) sowie aus den Schmelzöfen in Böhmen bot gute Verdienstmöglichkeiten. Viele Hammerherren bauten ihre Eisenbetriebe zu Schleif- und Polierwerken um. Anfang des 20. Jahrhunderts waren allein an der Zott zweihundertsiebzig Menschen in der Glasbearbeitung beschäftigt: fast ein Viertel der Oberpfälzer Veredler. Mit der **Hagenmühle** ist ein Glasschleif- und Polierwerk noch im Originalzustand erhalten. Sogar der Polierstaub, das Pottée, ist in dem Museumsbetrieb noch da. Außerdem gibt es im Gebäude auch ein Spielzeug- und Puppenmuseum zu sehen, das während der Wandersaison mittwochs von 14.30 bis 18 Uhr geöffnet ist. Weitere Zeiten können unter Telefon 09658/693 oder 1249 vereinbart werden.

Tipp: Schönwerth-Sagenweg im Zottbachtal

Einen im wahrsten Sinne des Wortes sagenhaften Weg gibt es bei **Neuenhammer.** Dort wurde zu Ehren von **Franz Xaver Schönwerth** (1810 bis 1886) ein Sagenweg ins **Zottbachtal** angelegt. Auf einer Länge von etwa achthundert Metern führt er ins Reich der Sagen, Märchen und Legenden der Region. Unterwegs begegnet der Wanderer einem Holzfräulein, einem Wassermann und anderen geheimnisvollen Gestalten.

Es gibt einen guten Grund, dass dieser Weg ausgerechnet bei Neuenhammer angelegt worden ist. Schönwerths Ehefrau Maria Rath (1836 bis 1905) war die Tochter des Hammergutsbesitzers Michael Rath aus Neuenhammer, der die Sammlung nach Kräften gefördert hat.

Eine der Sagen erzählt das Schicksal einer schwangeren Meerjungfrau.

Der gebürtige Amberger Schönwerth, der in München Karriere gemacht und es dort bis zum Ministerialrat am Bayerischen Finanzministerium und Vertrauten des späteren Königs Max II. Joseph von Bayern gebracht hat, gilt als bedeutendster Sammler von Sagen, Märchen und Legenden in Bayern. Schönwerth, bisweilen auch als „Bruder Grimm der Oberpfalz" bezeichnet, war oft in Neuenhammer und hat hier zahlreiche Geschichten und Bräuche für sein rund 1.300 Seiten umfassendes dreibändiges Werk „Aus der Oberpfalz – Sitten und Sagen", das von 1857 bis 1859 erschienen ist, niedergeschrieben. Der König war von seiner akribischen Forschungstätigkeit so angetan, dass er ihm 1859 dafür den persönlichen Adelstitel verliehen hat.

Bekannte Künstler aus der Region, wie der Weidener Günter Mauermann oder Jeff Beer aus Gumpen bei Falkenberg, haben am Sagenweg mitgearbeitet und entführen mit Skulpturen und anderen Kunstwerken auf einem Teil des Glasschleiferwegs in die Welt der Sagen und Legenden. Der von der Schönwerth-Gesellschaft initiierte Weg ist ganzjährig geöffnet und kann kostenlos begangen werden. Für Gruppen sind Führungen möglich.

Lohnenswert ist zudem eine Wanderung zu dem nach einem Kaufmann, Bürgermeister und Organisten benannten **Leo-Maduschka-Felsen,** einem der faszinierendsten Gneisgebilde der Region. Die geologische Exkursion lässt sich gut mit einer Einkehr im Hammerschloss in Neuenhammer verbinden. Dort kann man auf den Spuren des berühmten Sagenforschers Franz Xaver Schönwerth wandeln. Der Germanist heiratete in der Schlosskapelle, lebte zeitweise im Herrenhaus und ging hier seinen Studien nach. Das kleine Gotteshaus ist eine von nur vier Privatkirchen in Bayern, in denen regelmäßig Gottesdienste stattfinden. Der Marienaltar stand früher im Dom zu Regensburg. Zum beliebten Ausflugslokal gehört auch ein Rotwildgehege.

Fahrenberg, ein uralter Wallfahrtsort

Einer der letzten westlichen Ausläufer des Grenzgebirges ist der **Fahrenberg.** Mit dem Wort „fahren" hat die Anhöhe übrigens nichts zu tun. Der Begriff leitete sich vielmehr von der markanten Lage ab. Im Volksmund wird die Erhebung noch heute „Voanberg", also der „vordere Berg", genannt.

Vom Gipfel grüßt die bekannte Wallfahrtskirche Mariä Heimsuchung weit in das Land. Die 801 Meter hohe Kuppe ist eine der ältesten Marienwallfahrtsstätten der Oberpfalz und hat eine bewegte Vergangenheit. Immer wieder wechselte der Berg die Besitzer. Die Pilgerstätte soll auf die später verbotenen

Tempel zurückgehen. Nach den Überlieferungen hat der Orden hier 1204 in einer Burg eine Marienkapelle errichtet. Anfang des 14. Jahrhunderts machten die Zisterzienser von Waldsassen aus der Festung ein Kloster. Doch nach einigen Jahren wurden auch sie vertrieben. Das gleiche Schicksal ereilte böhmische Nonnen. Wilde Horden plünderten die Kirche, nahmen das Gnadenbild ab und warfen es in den Klosterbrunnen.

Ausgerechnet einer Protestantin ist es zu verdanken, dass die Wallfahrtsstätte wieder erblühte und im 18. Jahrhundert immer größere Ausmaße annahm. Augusta Sophie von Lobkowitz verbrachte nach der Übernahme der Herrschaft Waldthurn viel Zeit auf dem Fahrenberg und förderte den vernachlässigten Gnadenort nach Kräften. An die Zeit der böhmischen Herrschaft erinnern kostbare Votivpyramiden und Talerbänder, ungewöhnliche Wallfahrtsgaben der Fürsten. Die zwei verzierten, dreieckigen Glasschatullen zeigen den Fürst und die Fürstin kniend vor der Muttergottes. An den kunstvoll gewebten Talerbändern hängen rund 250 alte Geldstücke. Wegen ihres immensen Werts werden die Kunstwerke nur zu ganz besonderen Anlässen in das Gotteshaus gebracht. Der heutige Sakralbau stammt aus dem Jahr 1779.

Im Naturpark gibt es viele wunderschöne Gewässer, in denen Baden erlaubt ist. Eines davon ist der Atzmannsee bei Eslarn.

MOORBAD GEFÄLLIG?

Es lohnt sich an schönen Tagen fast immer, die Badehose einzupacken. Im Naturpark gibt es viele idyllisch gelegene Badeseen. Beliebte Ausflugsziele sind der Große Weiher bei **Plößberg,** der Moorweiher bei **Bärnau,** der Atzmannsee bei **Eslarn,** der Sperlweiher bei **Moosbach** sowie der Bursweiher bei **Tännesberg.** Mit Gaisweiher, Stieberweiher und Hornmühlweiher ist der beliebte Ausflugs- und Urlaubsort **Flossenbürg** sogar zusätzlich von drei wunderschönen Gewässern umgeben. Oft ist Baden sogar zum Nulltarif möglich. Ein ungeschriebenes Gesetz ist es allerdings, dass sich der Badegast von den Schilfzonen fernhält.

Das uralte, von einem Strahlenkranz umgebene Gnadenbild ist in den Hochaltar integriert. Am Hals der Madonna, die um 1480 gefertigt wurde, ist ein seltsames Loch zu entdecken. Nach einer Sage steckt am Ende der Öffnung noch eine Kugel aus dem Schwedenkrieg. Die drei Altarbilder stammen aus der Hand des Neustädter Malers Thaddäus Rabusky.

Der Fahrenberg war ein zentraler Gebetsort für den Fall des „Eisernen Vorhangs", der die Menschen in Bayern und Böhmen Jahrzehnte lang getrennt hat. Als sich die Fronten nach dem Zweiten Weltkrieg immer mehr verhärteten, brachten die Gläubigen 1956 eine aus Kupfer getriebene, vergoldete Friedensmadonna mit Blickrichtung nach Böhmen auf dem First der Wallfahrtskirche an. Zusammen mit der Friedensmadonna weihte Erzbischof Dr. Michael Buchberger den Rosenkranzweg mit zehn Bildstöcken, drei Kapellen und einer Kreuzigungsgruppe, der von Waldthurn zur Gnadenstätte führt, ein. Letzte Station ist auf dem Berg die 1706 erbaute Dreifaltigkeitskapelle. Wie es sich für eine bayerische Wallfahrtsstätte gehört, gibt es auf dem Fahrenberg direkt neben dem Gotteshaus ein uriges Wirtshaus, in dem der „Gipfelwirt" hungrige Wallfahrer verköstigt. Bis zu siebzig Pilgergruppen kommen jährlich mit ihren Sorgen und Nöten auf den Berg. Das Wallfahrtsjahr beginnt am 1. Mai und endet am Christkönigsfest, dem letzten Sonntag vor dem Advent.

Wer sich für Geschichte interessiert, sollte unbedingt dem kleinen Grenzübergang **Tillyschanz** einen Besuch abstatten. In unmittelbarer Nähe des Schlagbaums befinden sich die Reste einer Befestigungsanlage aus dem Dreißigjährigen Krieg. Zwei Monate lang lieferten sich die Truppen der Feldherrn Tilly und Mansfeld hier im Sommer 1621 einen erbitterten Stellungskampf. Mansfeld gelang es trotz zahlenmäßiger Überlegenheit nicht, die Grenzpässe einzunehmen. Ein Wanderweg erinnert daran.

Die Tradition, zur Muttergottes auf den Fahrenberg zu pilgern, ist viel älter als die der Altötting-Wallfahrten.

Naturwaldreservat auf dem Stückberg

Die letzte große Erhebung im Südosten ist der 809 Meter hohe **Stückberg** bei **Eslarn** mit Rot-, Dam- und Schwarzwildgehegen, Spielplatz und Aussichtsturm. Von der verglasten Aussichtskanzel hat man einen traumhaften Blick über die Wipfel des Grenzgebirges. Der Gipfel ist ein Naturwaldreservat, in dem seit vielen Jahren keine forstliche Nutzung mehr erfolgt. Einen solchen Urwald gibt es auch auf dem 765 Meter hohen **Sulzberg** bei **Waidhaus**. Dieser Name leitet sich nach einer Sage von „Salzberg" ab und erinnert daran, dass es dort einst eine salzhaltige Quelle gab. Eine Hexe, die auf der Anhöhe hauste, soll das Wasser verwunschen haben. Sie war wütend, weil ihre Ziege nach dem Trinken des Wassers verendet war. Auf dem Sulzberg gab es früher auch ein Schlösschen. Sogar ein Schatz soll dort oben noch vergraben sein. Erfolgversprechender ist allerdings die Suche nach botanischen Kostbarkeiten wie dem Mittleren Hexenkraut und dem Christopheruskraut. Bei Waidhaus befindet sich vor der Grenze auch die einzige Autobahnkirche der Oberpfalz.

Ein Tipp für alle, die gerne ungewöhnliche Tiere und Pflanzen bewundern, ist das **Fahrbachtal**, in

Ein beliebtes Wanderziel ist der Aussichtsturm auf dem Sulzberg.

GAUDI FÜR JUNG UND ALT IM KURPARK IN MOOSBACH

Rund um **Moosbach** ist ein einundzwanzig Kilometer langer Rundweg ausgewiesen, der viele Sehenswürdigkeiten verbindet. Ein absolutes Muss ist dabei ein Besuch des etwa acht Hektar großen Moosbacher Kurparks, in dem es viel zu entdecken gibt. Mit einer modernen Achtzehn-Loch-Minigolfanlage, Rotwildgehege, Kneippanlage, Fledermauskellern, Abenteuerspielplatz, Naturerlebnispfad, Kinderseilbahn, Baumtelefon und anderen Stationen hat die naturnah im Gruberbachtal gestaltete Grünanlage vor allem Familien mit Kindern eine Menge zu bieten. Ein beliebter Anlaufpunkt ist „Emil's kleiner Streichelzoo", in dem Zwergziegen und Hasen zu Hause sind.

Zu den schönsten Gotteshäusern im Nördlichen Oberpfälzer Wald zählt die Wieskirche bei Moosbach.

Auch der Trauermantel kommt im Naturpark vor. Der Rand der Schmetterlingsflügel ist zuerst gelblich und dann nach der Überwinterung weiß gefärbt.

dem unter anderem die Gelbe Wiesenraute und der Graue Rohrkolben vorkommen. Dieses Tal ist das Schmetterlingsparadies des Naturparks. Perlmuttfalter, Großer Eisvogel, Großer Schillerfalter, Schwalbenschwanz, Trauermantel, Dukatenfalter, Kaminkehrer, Schachbrett, Grünwidderchen, Zitronenfalter und andere prächtige Arten flattern verspielt von Blüte zu Blüte. Übrigens: Wer Schmetterlinge bestimmen oder sogar fotografieren will, sollte zeitig aus dem Bett. In den frühen Morgenstunden bleiben die Falter länger an einem Standort, weil sie noch nicht von der Sonne aufgewärmt sind.

Das bedeutendste kirchliche Baudenkmal im **Moosbacher** Land ist die **Wieskirche.** Krücken, Wachskunstwerke und Votivbilder künden von zahlreichen Gebetserhörungen. Die Pilgerstätte geht auf eine Frau zurück, die von einer Wallfahrt zur Wieskirche bei Steingaden 1746 eine Nachbildung des dortigen Gnadenbildes vom Gegeißelten Heiland mitbrachte und es in eine Kapelle stellte. Viele Wallfahrer suchten fortan das Bildnis auf. Schon nach zwei Jahren wurde der Grundstein für die Kirche gelegt. Im Inneren erwartet den Besucher ein beeindruckendes Spiel von Barock- und Rokoko-Elementen.

Bekannt ist Moosbach zudem für süffigen Gerstensaft. Bei der Brauerei Scheuerer kann man nicht nur in den Sudkessel schauen, sondern auch ein Bierkenner-Diplom erwerben. Zudem liegt südöstlich des Marktes bei **Gaisheim** eines der letzten Flachmoore des Naturparks, die im Gegensatz zu Hochmooren von Grundwasser gespeist werden. Dort kann man eine ungewöhnliche Tier- und Pflanzengesellschaft entdecken.

Tipp: Naturpark-Info-Stelle im Schloss Burgtreswitz

Empfehlenswert ist ein Abstecher nach **Burgtreswitz.** Das bereits im 13. Jahrhundert genannte Schloss weist noch romanische und gotische Bauteile auf und kann sonntags besichtigt werden. Die Burg war einst Sitz der mächtigen Landrichter. Im Dreißigjährigen Krieg ist die Festung über den Ufern der **Pfreimd** von kaiserlichen Truppen erobert und niedergebrannt worden. Von 1733 bis 1740 wurde das Anwesen unter Einbeziehung alter Mauerreste neu errichtet. Heute ist dort nicht nur ein Schuster-, Jagd- und Fischereimuseum, sondern auch ein Naturpark-Informationszentrum mit der Dauerausstellung „Streicheleinheiten" untergebracht. Im Schlosshof finden regelmäßig Theaterabende, szenische Führungen und andere kulturelle Veranstaltungen statt.

Ein beliebtes Ziel ist auch das Schloss Burgtreswitz. Aber Vorsicht! Dort soll es spuken. Ein Geldeintreiber namens Matere findet angeblich im Gemäuer keine Ruhe.

Wer Angst vor Schlossgespenstern hat, sollte nicht allein den Heimweg antreten. Es spukt angeblich in Burgtreswitz. Amtsknecht Matere soll wegen seines gottlosen Treibens keine Ruhe finden. Er kam im Dreißigjährigen Krieg in die Region und verstand es vortrefflich, die Wirren der damaligen Zeit für sich zu nutzen. Als Geldeintreiber für das Schloss verbreitete er Angst und Schrecken, bis er auf dem dünnen Eis der Pfreimd einbrach und in den Fluten ertrank. Er muss nun so lange umgehen, wie er den Menschen Gulden geraubt hat. Wer genau hinsieht, kann in dunklen Nächten sein furchterregendes Gesicht hinter den Fenstern sehen. Schaurig ächzen die Dielen unter seinen Schritten. Eine andere Geschichte erzählt, dass beim Tod des Gerichtsschreibers der Teufel mit furchtbarem Gerassel in den Burghof einfuhr, um die Seele Materes abzuholen. Wenig später verließ ein kohlschwarzer Rabe durch ein Fenster das Schloss. Der Vogel wurde immer wieder an der Pfreimd gesehen, bis die arme Seele durch Beschwörung erlöst wurde. Da passt es irgendwie auch ins Bild, dass es bei den Sanierungsarbeiten Anfang der 80er Jahre des 20. Jahrhunderts ausgerechnet im früheren Zimmer des Gerichtsdieners einen seltsamen Mauereinbruch gab.

Bei Exkursionen versuchen die Ranger, Jung und Alt für die Belange der Natur zu sensibilisieren.

Die Ranger:
Im Auftrag der Natur unterwegs

Die vielen seltenen Tiere und Pflanzen im Naturpark haben mittlerweile ihr eigenes „Personal": die Naturpark-Ranger. Ihre Aufgabe ist es, die Interessen von Tieren, Pflanzen und Menschen abzuwägen und in einen vernünftigen Einklang zu bringen.

Vernünftig, das heißt in diesem Fall, dass die Menschen den Tieren und Pflanzen nicht zu nahe kommen dürfen, wenn dadurch die Bestände gefährdet werden könnten. Vernünftig bedeutet gleichzeitig aber auch, dass interessierte Bürger trotzdem die Möglichkeit bekommen sollen, die Schätze der Natur zu sehen und sich daran zu erfreuen. Denn nur was man kennt, das schätzt man; und nur was man schätzt, das schützt man meist auch.

Drei Ranger sind im Naturpark Nördlicher Oberpfälzer Wald im Einsatz, um diesen schwierigen Spagat zu bewerkstelligen: je einer im Westen, im Osten und in der Mitte des Nördlichen Oberpfälzer Waldes. Ihre Büros haben sie in den Rathäusern in **Speinshart** und **Tännesberg** sowie im Landratsamt in **Neustadt a. d. Waldnaab,** wo sie freilich nur selten anzutreffen sind. Denn eigentlich ist der Arbeitsplatz der Ranger die Natur. Nahezu täglich sind sie in Wald und Flur unterwegs. Die Ranger bemerken meist zuerst, wenn es

Auch das Beobachten der Tierbestände gehört zu den Aufgaben der Naturpark-Ranger.

dort einen Missstand gibt oder irgendetwas schiefläuft. Beim Schutz seltener Tiere und Pflanzen, wie der Frühlingsküchenschelle, dem Feuersalamander, dem Fisch- und Seeadler, dem Uhu und dem Ziegenmelker, kommt ihnen deshalb eine Schlüsselrolle zu.

Gefahr droht von vielen Seiten. Ein durch einen Windbruch blockierter Wanderweg kann durch Ausweich-Trampelpfade ebenso schnell zur tödlichen Gefahr für seltene Arten werden wie ein Wassergraben, der bei einem Regenguss zugeschwemmt worden ist und nun ein Feuchtgebiet nicht mehr benässt. Manchmal ist es einfach auch ein Hobbyfotograf, der den Tieren aus Unwissenheit oder überschwänglicher Leidenschaft zu nahe kommt und in die Schranken gewiesen werden muss. Besonders die Kinderstuben der Tiere sind ein sensibler Bereich, den es zu schützen gilt.

Alltagsaufgaben der Ranger sind auch die Betreuung von Besuchern, Aufklärungs- und Öffentlichkeitsarbeit, Pflege- und Reparaturarbeiten sowie wissenschaftliche Untersuchungen. Ranger sind salopp gesagt ein bisschen grüner Sheriff, ein bisschen Pädagoge, ein bisschen Waldarbeiter und ein bisschen Naturforscher. Sie organisieren Exkursionen, planen Projekttage, starten Bildungsprogramme, halten Vorträge, erarbeiten Konzepte, erfassen und kontrollieren Tier- und Pflanzenbestände, erneuern Hinweisschilder, leiten Kinder und Jugendliche an, kümmern sich um Besucherlenkungen, kartieren Tiere und Pflanzen, suchen nach optimalen Trassen für Wanderwege, werten das Bildmaterial von Fotokameras aus und, und, und.

VOM LINDENZAUBER BIS ZU STREICHELEINHEITEN

Über ein halbes Dutzend Info-Stellen ermöglichen Einblicke in den Nördlichen Oberpfälzer Wald. Sie beschäftigen sich mit den Themen „Wald und Wasser" (im Ferienhof Schweinmühle bei **Windischeschenbach**), „Lebensraum Natur" (im neuen Rathaus **Weiherhammer**), „Lindenzauber, Wert der Vielfalt" (Schloss Friedrichsburg in **Vohenstrauß**), „Vielfalt im Dorf" (Wieskapelle in **Speinshart**), „Faszination Natur" (Landratsamt in **Neustadt a. d. Waldnaab**), „Graniterlebnis pur" (Rathaus **Flossenbürg**), „Streicheleinheiten der Natur" (Schloss **Burgtreswitz**) und „Vogelwelt ohne Zaun und Gatter" („Hexenhäusl" am Rußweiher bei **Eschenbach**).

Info-Stellen, wie hier bei der Schweinmühle im Waldnaabtal, sind eine gute Möglichkeit, mehr über den Naturpark und seine Angebote zu erfahren.

Die Arbeit ist ungemein vielseitig. Besonders spannend wird sie, wenn es um die heimlichen Stars des Nördlichen Oberpfälzer Waldes geht, die man nur selten zu Gesicht bekommt. Die Wölfe im Manteler Forst gehören ebenso dazu wie die Schwarzhalstaucher im Obersee und die Feuersalamander im Klingenbachtal bei Kohlberg.

Einen wichtigen Schwerpunkt bildet aktuell – nach dem Motto „Früh übt sich, was ein guter Naturfreund sein will" – die Entwicklung von Tages- und Bildungsstätten zu Naturpark-Kindergärten und Naturpark-Schulen. Die ersten Tagesstätten, die den von der Deutschen Bundesstiftung Umwelt unterstützten Kooperationsvertrag des Verbands Deutscher Naturparke (VDN) und des Nördlichen Oberpfälzer Waldes unterzeichnet haben, sind der Kindergarten St. Markus in **Weiden i. d. OPf.,** das Kinderhaus Heilig Geist in Neuhaus bei **Windischeschenbach** und das Kinderhaus St. Martin in **Luhe-Wildenau.** Bei den Bildungsstätten machten die Grund- und Mittelschule **Grafenwöhr,** die Schule St. Felix in **Neustadt a. d. Waldnaab,** die Grund- und Mittelschule **Weiherhammer** sowie die Grundschule **Plößberg** den Anfang.

Auch bei Events ist das Team des Naturparks oft anzutreffen. Solche Veranstaltungen ermöglichen es, Bürger zu erreichen, die sich bislang noch nicht für die Naturpark-Arbeit interessiert haben.

In den nächsten Jahren sollen weitere hinzukommen. Das Siegel wird immer nur für fünf Jahre verliehen und muss dann nach einem Kriterienkatalog bestätigt werden. Ebenso wie in der Natur hört damit auch in den Kitas und Schulen das Wachsen und die Entwicklung nie auf.

Bei gemeinsamen Aktionen, wie der Anlage einer Blühfläche, dem Bau von Insektenhotels und Nistkästen, dem Anlegen von Streuobstwiesen und dem Pflanzen von Hecken, lernen die Kinder spielerisch frühzeitig viel über das Leben und die Anforderungen, welche Tiere und Pflanzen an ihre jeweiligen Lebensräume haben. Der Naturpark macht sich dabei zunutze, dass der Mensch in keiner anderen Phase seines Lebens so viel, so schnell und so gern lernt wie im Kindesalter. In dieser frühen Phase ist es eine Selbstverständlichkeit, Neues mit allen Sinnen aufzunehmen und zu erleben, den Naturpark also zu erschmecken, zu erfühlen und zu riechen. Die Schüler erfahren, wie unterschiedlich sich

Bei Exkursionen zu den verschiedensten Themen machen die Ranger auf die Besonderheiten des Nördlichen Oberpfälzer Waldes aufmerksam.

NATURPARK-MOBIL
TOURT DURCH DIE REGION

Statt einem ortsgebundenen Naturparkzentrum gibt es im Nördlichen Oberpfälzer Wald ein multimedial ausgestattetes Info-Mobil, das durch die Region tourt. Im Gepäck hat der **Naturpark-Wagen** nicht nur jede Menge Informationsmaterial über den Nördlichen Oberpfälzer Wald, sondern auch viele spannende Experimente, Spiele und Präparate aus dem und über das Schutzgebiet. An Schulen und Kindergärten, bei Festen, Messen und Märkten sowie allerlei anderen Gelegenheiten gibt das Naturpark-Team damit Einblicke in seine Arbeit und zeigt die Besonderheiten des Gebiets. Wer möchte, kann dort nicht nur ein bisschen Ranger spielen, sondern sich auch aus erster Hand interessante Tipps über Ausflugsziele und Einkehrmöglichkeiten holen.

die Rinde verschiedener Baumarten anfühlt, wie verschieden die Früchte der Natur schmecken, wo und wie der Regenwurm lebt und mit welch intensiven Gerüchen und ungewöhnlichen Tricks Pflanzen Insekten anlocken.

Neben klassischen Natur- und Landschaftsthemen integriert der Nördliche Oberpfälzer Wald auch die Bereiche regionale Kultur und Handwerk sowie Land- und Forstwirtschaft regelmäßig in den Alltag der Naturpark-Kitas und -Schulen. Das Konzept geht auf. „Die Kinder lernen auf diese Art ihre Region kennen und werden für sie begeistert. Im Mittelpunkt des Projekts stehen die bewusste Auseinandersetzung des Menschen mit der Natur sowie die Sensibilisierung für natürliche Kreisläufe im Sinne der Bildung für nachhaltige Entwicklung", freuen sich die Ranger Heiko Hoffmann, Stefan Niclas und Michaela Griener über die Früchte ihrer Arbeit.

Mit den vierten Klassen der Naturpark-Schule in Plößberg haben die Ranger eine Kräuterspirale gebaut.

Heiko Hoffmann, Michaela Griener und Stefan Niclas (von links) sind Naturpark-Ranger im Nördlichen Oberpfälzer Wald.

Der Schlossberg in Flossenbürg ermöglicht einen Weitblick in den Naturpark „NOW".

Entdecken und Erleben – Naturpark auf einen Blick

ALTENSTADT a.d. WALDNAAB
Wehrkirche Mariä Himmelfahrt (12.–18. Jh.)
Altenstädter Museum
Aussichtspunkt Kalvarienberg mit Kreuzweg
 und Pestsäule
Weihergebiet Süßenlohe
Naherholungsgebiete Waldnaabauen,
 Sauerbachtal mit Blockhütte,
 Dürrschweinenaab
„Spiel- und Badelandschaft" in der
 Freizeitanlage Atzmannsee
Goldene Gasse
Mehr Infos unter
www.altenstadt-waldnaab.de
Tel. 09602 6331-0

BÄRNAU
Knopfmuseum
Geschichtspark Bärnau-Tachov
Pfarrkirche St. Nikolaus (um 1733)
Wallfahrtskirche (um 1765)
Grenzlandturm von 1913
Naturlehrpfad
Wandergebiet Silberhütte
Mehr Infos unter
www.baernau.de · Tel. 09635 92030

BECHTSRIETH
Filialkirche St. Josef
Kapelle in Trebsau
Ausflugsgebiet Hölltal
Mehr Infos unter
www.bechtsrieth.de · Tel. 0961 418000

ESCHENBACH i.d.OPF.
Pfarrkirche St. Laurentius (um 1440)
Mariahilf-Bergkirche (um 1771)
Hallenbad u. Naturstrandbad Kleiner
 Rußweiher (größtes Moorbad Nordbayerns)
Vogelfreistätte Großer Rußweiher mit
 Anglerparadies und Campingplätzen
Eschenbacher Weihergebiet mit
 Naturerlebnispfad
Adventure-Minigolf-Anlage
Naturschutzgebiet Obersee
Beim Taubnschuster
Walderlebnispfad „Holzweg" im Stadtwald
 mit Creußenbrücke
Umfangreiches Rad- und Wanderwegenetz
Mehr Infos unter
www.eschenbach-opf.de · Tel. 09645 9200-0
Infostelle Hexenhäusl mit Gaststätte

ESLARN
Kurparkanlage mit Vogelvolieren
Biererlebnis Kommunbrauhaus
Zoiglbrunnen
Pfarrkirche Mariä Himmelfahrt (18. Jh.)
Freizeitanlage Atzmannsee
Stückberg mit Wildpark und Aussichtsturm
Waldkapelle bei Tillyschanz
Hist. Schanzanlage Tillyschanz bei Eslarn
Einstieg in den Bockl
Anbindung zum europ. Fernwanderweg
 Jakobsweg
Landwirtschaftl. Lehrpfad beim Staatsgut
 Pfrentschweiher
Mehr Infos unter
www.eslarn.de · Tel. 09653 9207-0

ETZENRICHT
Kath. Kirche St. Nikolaus mit modernen
 Stilelementen
Kirchberg St. Nikolaus mit gotischer Flieh-
 kirche (14. Jh.)
Steinkreuz an der Weidener Straße
Romantische Haidenaabauen mit
 ausgebautem Rad- und Wanderwegenetz
Mehr Infos unter
www.etzenricht.de · Tel. 0961 42557

FLOß
Ev. Pfarrkirche (um 1503)
Wallfahrtskirche St. Nikolaus (um 1723)
Kath. Pfarrkirche (neubarock)
Spuren jüdischen Lebens in Floß – Synagoge
 (um 1817)

Judenfriedhof am Ortsrand
Heimatmuseum im „Alten Pflegschloss"
  (um 1671)
Naturschutzgebiet Granitblockschuttmeer
  mit unterirdischer Girnitz „Doost" bei
  Diepoltsreuth
Einstieg in den Bockl
Findlingsweg
Granitfelsformation Haselstein
Kreislehrgarten – Garten der Sinne
Mehr Infos unter
www.floss.de · Tel. 09603 92110
Naturpark-Ausflugsgaststätte:
Meister Bär Hotel

Rathaus Grafenwöhr

FLOSSENBÜRG
Schlossberg mit Burgruine (Wahrzeichen des
  Naturparks) und Burgweiher (schönste
  Granitformationen Nordostbayerns)
KZ Gedenkstätte
  mit Dokumentationszentrum
Burg- und Steinhauermuseum
Naturerlebnis „Weg des Granits"
Granithügel Säuberg, Plattenberg, Vogelberg
  u. Wurmstein
Nordic Walking Parcour
Freizeit- und Campinganlage Gaisweiher
Im Ortsteil Hildweinsreuth Mittelpunkt
  Mitteleuropas
Mehr Infos unter
www.flossenbuerg.de · Tel. 09603 92060

GEORGENBERG
Alte Mühle Gehenhammer mit Ausstellung
Bauernhandwerk Oberpfalz und Gemälden
Wanderübergang Bayern-Böhmen
Burgruine Schellenberg (11. Jh.)
Naturfreibad
Pfarrkirche (um 1709) in Neukirchen zu
  St. Christoph
Hammerschloss Neuenhammer mit Kirche
Schönwerth Sagenweg
Umfangreiches Wander- und Radwegenetz
Mehr Infos unter
www.georgenberg.de · Tel. 09658/338
Naturpark-Ausflugsgaststätte:
Gasthaus „Hammerwirt", Neuenhammer 1,
  Tel. 09658 391

GRAFENWÖHR
Spätgotisches Rathaus
Teile der hist. Stadtmauer
Kultur- und Militärmuseum
Pfarrkirche Mariä Himmelfahrt (14. Jh.)
Friedhofskirche St. Ursula (um 1593)
Annaberg mit Wallfahrtskirche (18. Jh.)
Schönberg mit Naturbühne
Beheiztes Waldbad
Geschichts-Radweg „Hämmer und Mühlen"
Naturerlebnispfad „Bierlohe"
Mehr Infos unter
www.grafenwoehr.de · Tel. 09641 9220-0
Naturpark-Ausflugsgaststätte:
Hotel-Restaurant Böhm,
  Neue Amberger Str. 39, Tel. 09641 2277

IRCHENRIETH
Kirche St. Barbara (um 1725)
Sagenumwobenes Johannisbrünnerl
Wandern auf bezeichneten Wanderwegen
Großes Sportzentrum
Mehr Infos unter
www.irchenrieth.de · Tel. 09659 772

KASTL
Pfarrkirche St. Margaretha (wohl 14. Jh.)
Aussichtspunkt Kastler Berg
Im Ortsteil Weha Vulkanberg Kühhübel
Mittelalterliches Landsassenschloss in
  Unterbruck
Landsassenschloss (16./17. Jh.)
  in Wolframshof
Mehr Infos unter
www.meine-stadt.de/kastl-kemnath
VG Kemnath Tel. 09642 707-0

KEMNATH
Kath. Pfarrkirche (15. Jh.)
Mittelalterliche Stadtmauern u. Felsenkeller
Historisches Stadtbild
Heimatmuseum
Naturkundlich geologischer Lehrpfad
Kemnath–Armesberg (mit Wallfahrtskirche)–
  Waldeck
Phantastischer Karpfenweg
Mehr Infos unter
www.kemnath.de · Tel. 09642 707-0

KIRCHENDEMENREUTH
Kath. Kirche St. Johann (14. Jh.)
  mit romanischen Stilelementen
Historische Grabplatten (17.-18. Jh.) beim
  Kriegerdenkmal
Traumhafte Aussichtspunkte im Ortsteil
  Döltsch (u. a. auf die „Fränkische Linie")
Historische Sühnekreuze bei Wendersreuth
  und Altenparkstein
Eingangstor in das romantische Sauerbachtal
  mit Mühlenwerken und Wanderwegenetz
  „Haberland"
Benachbarte Rodungsinsel „Birkenreuth" im
  Hessenreuther Wald
Mehr Infos unter
www.kirchendemenreuth.de
Tel. 09681 686

KIRCHENTHUMBACH
Brauereimuseum Heberbräu
Aussichtsturm auf den Kütschenrain
Thurndorf Historischer Turmstumpf und
  Theophilusglocke
Wallfahrtskirche Weißenbrunn
Geo-Wanderweg von Sassenreuth zum
  Aussichtsturm am Kütschenrain
Mehr Infos unter
www.vg-kirchenthumbach.de
Tel. 09647 92000

KOHLBERG
Kath. Pfarrkirche Herz Jesu (neobarock)
Ev. Pfarrkirche St. Nikolaus (17. Jh.) mit
  Mauerring und Torturm
Aussichtspunkt Dreifaltigkeit auf dem
  Kohlbühl
Naturerlebnispfad „Klingenbachtal"
Hammerschloss Röthenbach (um 1678)
Biotopverbund Röthenbachtal mit
  Weiheranlagen, Sauerbrunnen, Naturdenk-
  malen, Eichenhain u. Obstbaumanlage
ausgedehntes Wanderwegenetzsystem auf
  Altstraßen
Mehr Infos unter
www.kohlberg-opf.de · Tel. 09608 923778
Naturpark-Ausflugsgaststätte:
Gasthof-Metzgerei Frieser, Marktplatz 3,
  Tel. 09608 287

LEUCHTENBERG
schönste Burgruine (12. Jh.) der Oberpfalz
  (Festspielgruppe)
Felsformation Teufelsbutterfass
Kirche St. Margareta (um 1844)
Naturdenkmäler „Heller Stein" –
  „Hoher Stein" – „Drei Linden"
Naturschutzgebiet Lerautal mit
  Wolfslohklamm in Michldorf Kirche
  St. Ulrich (barock) mit Pfarrhof und
  Schulhaus (17. Jh.) sowie Eichenallee nach
  Hermannsberg
Michldorf: Naturerlebniswald „Bunte Vielfalt"
„Drei Handkreuze" im Waldgebiet „Elm"
Sauerbrunnen
Mehr Infos unter
www.markt-leuchtenberg.de
Tel. 09659 92104

LUHE-WILDENAU
Pfarrkirche St. Martin (15.-18. Jh.)
Expositurkirche St. Michael in Oberwildenau
Auf dem Koppelberg St. Nikolaus (um 1696)
  mit Einsiedlerkapelle
Befestigungsmauerreste
Hussitenturm mit Pranger u. Schwertstein
Schlossgut von Hirschberg in Unterwildenau
Filialkirche St. Barbara (18. Jh.) in Neudorf

Naturschutzgebiet Lerautal

Golfplatz Schwanhof bei Luhe
Waldlehrpfad am Koppelberg
Mehr Infos unter
www.luhe-wildenau.de · Tel. 09607 9210-0

MANTEL
Wallfahrtskirche St. Moritz (18. Jh.)
Ev. Wehrkirche St. Peter und Paul (17. Jh.)
Mitteralterl. Wehranlage „Schlössl" bei
　Rupprechtsreuth
Waldforum in Rupprechtsreuth (Hammer-
　schloss mit Kapelle 18. Jh.)
Walderlebnispfad „Kiefer-Föhra-Vielfalt" und
　behindertengerechtem Rollstuhlwander-
　weg
Wanderwegenetz „Manteler Wald"
Naturerlebniswanderweg am Beckenweiher
Hammerschloss (17. Jh.) Steinfels mit
　Schlosskapelle (um 1707) u. Eichenhain
Mehr Infos unter
www.markt-mantel.com · Tel. 09605 9223-0

MOOSBACH
Wallfahrtskirche Wies (18. Jh.)
Generationenpark Gruberbach mit Minigolf-
　und Kneippanlage, Abenteuer- und
　Wasserspielplatz, Rotwild- und Ziegenge-
　hege, Meditationsbereich, Barfußpfad,
　Fitnessgeräten, Grillplatz, Baumlehrpfad
Sportanlagen (Tennisplatz, Kegelbahnen,
　Schießanlagen, Bolzplätze etc.),
　Ozonhallenbad (30 Grad)
Naturbadestelle Tröbes
180 km gut markierte Wanderwege
Marterlwege
Geschichtspfad
Schlossanlage mit Naturpark-Infostelle in
　Burgtreswitz (13. Jh.) sowie
Kirche Mariä Himmelfahrt (17. Jh.)
Landschaftskino am Aussichtspunkt
　Strehberg
Kreuzweg zur Wieskirche
Mehr Infos unter
www.moosbach.de · Tel. 09656 9202-0

NEUSTADT a.d. WALDNAAB
Mittelalterlicher Stadtplatz mit Ackerbürger-
　häusern
Altes Schloss (16./17. Jh.)
Neues Schloss (18. Jh.) mit Barockgarten
Pfarrkirche St. Georg (18. Jh.)

Friedhofskirche (um 1662)
Wallfahrtskirche u. Kloster St. Felix (18. Jh.)
Stadtmuseum mit Glasabteilung
Freizeit- u. Erholungsanlage Gramau
Wallfahrtskirche St. Anna (Rokoko) in
　Mühlberg
Wanderwegenetz rund um
　Neustadt a.d. Waldnaab
Mehr Infos unter
www.neustadt-waldnaab.de
Tel. 09602 9434-0
Naturpark-Ausflugsgaststätte:
Gasthof „Weißes Rößl", Raiffeisenplatz 2,
　Tel. 09602/1349

NEUSTADT AM KULM
Basaltkegel Rauher Kulm mit Aussichtsturm,
　Kulmterrasse und zentralem Wandernetz
Aussichtspunkt Kleiner Kulm
Felsenkeller am Fuß des Rauhen Kulms
Ev. Stadtkirche (18. Jh.) mit schönen Fresken
Friedhofskirche mit „Purrucker-Orgel"
Im Ortsteil Mockersdorf Pfarrkirche (Rokoko)
Mehr Infos unter
www.neustadt-am-kulm.de
Tel. 09645 9200-0

PARKSTEIN
Pfarrkirche St. Pankratius (um 1778)
Schönster Basaltkegel Europas (lt. Alexander
　von Humboldt) und zugleich einer der
　schönsten Geotope Bayerns mit Burgmau-
　erresten und Bergkirche, Felsenkeller
Vulkanerlebnis Parkstein
Infopoint
Pumptrackanlage
Bildstock (ehem. Gerichtsstätte) a. d. Abzw.
　Hammerles
Im Ortsteil Schwand Campinganlage
Sitz des Geoparks Bayern-Böhmen
Strauss-Gedenkstätte
Mehr Infos unter
www.parkstein.de · Tel. 09602 616390

PIRK
Marienkirche (18. Jh.)
Auferstehungskirche mit Altarfresko
Wallanlage Pirkerschlössl bei
　Pirkerziegelhütte
Hammerschlossanlage Enzenrieth (17. Jh.)
　mit Filialkirche St. Georg

Kotzenbach Straußenhof

Turnhalle mit Allwettersportplatz
Kegelbahn, Tennis- u. Sportplätze

PLEYSTEIN
Stadtmuseum mit einzigartiger Abteilung
  „Mineralogie" und
Außenstelle Geopark Bayern-Böhmen
Historische Wasserverteilungsanlage
Pfarrkirche St. Sigismund (neugotisch)
Friedhofskapelle (um 1750)
Auf dem Rosenquarzfelsen Kreuzberg
  (Auszeichnung „100 schönste Geotope
  Bayerns") neobarocke Wallfahrtskirche mit
  Kloster
Stadtweiher mit Parkanlage
Freizeitanlage mit beheiztem Schwimmbad,
  Minigolfanlage, Outdoor-Fitnessgeräten
Anbindung u Parkmöglichkeit f. überörtliche
  Rad- und Wanderwege (Glasschleiferer-
  weg, Bockl)
Wallfahrtskirche (17. Jh.) auf dem Ulrichs-
  berg bei Burkhardsrieth
Historisches Polierwerk in Hagenmühle
Puppenmuseum in Hagenmühle
Geotop „Großer Stein" (bei Miesbrunn)
Aussichtspunkt „Galgenberg" mit
  Alpakagehege
Romantisches Zottbachtal mit
  Gustl-Lang-Felsen und Haberkornbankerl
„PleySteinpfad" – Naturerlebnis- und
  Geologiepfad
Wohnmobilstellplatz
Mehr Infos unter
www.pleystein.de · Tel. 09654 9222-0

PLÖSSBERG
Kirche St. Laurentius (barock) mit
  Jahreskrippe
Im Rathaus Krippenstube u. Glasschmelz-
  ofenbauhütte
Naturbad Großer Weiher
Angelgewässer, Obstlehrpfad
Markierte Rad- und Wanderwege
Ehem. Burgkapelle St. Michael in Schönkirch
Kirche Mariä Himmelfahrt (Rokoko) in Beidl
Sagenumwobener Sulzteich mit drei Kreuzen
Mehr Infos unter
www.ploessberg.de · Tel. 09636 92110

PÜCHERSREUTH
Ehem. Landsassengut Ilsenbach (um 1661)
Pfarrkirche St. Matthäus in Wurz
Alter Pfarrhof von Muttone in Wurz mit
  Wurzer Sommerkonzerten
Mahlhaus Rotzenmühle (18. Jh.)
Wallfahrtskirche St. Quirin (17. Jh.)
Rundwanderweg Ilsenbach mit
  Skulpturenweg
Kotzenbach Straußenhof
Mehr Infos unter
www.meinestadt.de/puechersreuth
Tel. 09602/9430-0
Naturpark-Kulturtreff:
Cafe „Federkiel", Fam. Kriechenbauer,
  Rotzendorf 4, Tel. 09602 91316

PRESSATH
Haus der Heimat
Pfarrkirche St. Georg (um 1759)

Entdecken und Erleben – Naturpark auf einen Blick

Schießlweiher bei Schwarzenbach

Friedhofskirche (17. Jh.)
Altötting-Kapelle (um 1754)
Hammerschlösser in Dießfurt und
   Troschelhammer
Kalvarienberg Richtung Weihersberg
Marterragen in Eichelberg
Freizeit- und Erholungsanlage „Kiesi-Beach"
Walderlebniswelt „Winterleite"
Mehr Infos unter
www.pressath.de · Tel. 09644 9209-0
Natur-Ausflugsgaststätte:
Gasthaus Popp, Altendorf 3a,
   Tel. 09644 8697

SCHIRMITZ
Alte Kirche St. Jakob (11. Jh., Barock mit
   Jugendstil)
Friedhof um St. Jakob (einheitliche
   Holzkreuze)
Mehr Infos unter
www.schirmitz.de · Tel. 0961 48116-0

SCHLAMMERSDORF
Hammerschlösser in Schlammersdorf,
Menzlas und Ernstfeld
Sagenumwobene Haarkapelle
Pfarrkirche St. Lucia (um 1775)
Dreifaltigkeitskapelle bei Naslitz (18. Jh.)
Infostelle Naslitz am Creußenbach
Wanderparadies „Holzmühle"

Mehr Infos unter
www.schlammersdorf.de · Tel.09295 244

SCHWARZENBACH
Hammerschlossanlage mit Mühle in Pechhof
Ausgedehntes Weihergebiet
Dorfladen mit regionalen Produkten
Naturerlebnis Haidenaabaue
Mehr Infos unter
www.schwarzenbach-online.de
VG Pressath Tel. 09644 9209-0

SPEINSHART
Historisches Klosterdorfensemble mit
   Torbauten und Wieskirche (18.Jh.)
Prämonstratenserabtei mit Klosterkirche
   (einzigartiger barocker Prachtbau nördlich)
Aussicht Barbaraberg mit Kirchenruine und
   Wallfahrtsweg
Klosteranlage mit Kreuzgang und Kapitelsaal
ehem. Wehrkirche in Tremmersdorf
Einzigartiges Wurzelmuseum im Ortsteil
   Tremmersdorf
Kreuzweg entlang lebensgroßer
   Sandsteinfiguren (18. Jh.)
Mehr Infos unter
www.speinshart.de · Tel. 09645 8118

STÖRNSTEIN
Kath. Kirche St. Salvator mit Resten der
   ehem. Burgkapelle und Himmelsszene,
Aussichtspunkt „Gigl".
Schlossberg mit Burgstall und romantischen
   Felsenformationen,
historischer Marterlweg
Kulturscheune
„Goldene Straße" zwischen Neustadt und
   dem Rastenhof
Mehr Infos unter
www.stoernstein.de · Tel. 09602 3472

TÄNNESBERG
Naturparkgemeinde mit eigener
   Viabono-Lizenz
Besonders hochwertiges und umweltgerech-
tes Freizeit- und Erholungsangebot
mit Wohlfühlgarantie
Pfarrkirche St. Michael (19. Jh.)
Wallfahrtskirche St. Jodok (um 1689)
Schlossberg mit Burgresten,
historischen Kreuzwegstationen,

Totenbrettern und Kalvarienberg
Geologischer Lehrpfad,
ausgedehntes Wanderwegenetz mit
 Audioguides und GPS
Bayerns längster Obstlehrpfad
Renaturierung Kainzbachtal
Naturbad Bursweiher
Mehr Infos unter
www.taennesberg.de · Tel. 09655 9200-0
Naturpark-Ausflugsgaststätte:
Sporthotel – Gasthof „Zur Post",
 Marktplatz 25, Tel. 09655 930-0

TRABITZ
Schloss von Hirschberg (16. Jh.) in
 Weihersberg mit Schlosspark, Eichenallee sowie
Wallfahrtskapelle (18. Jh.) mit Grablege
Natur- und Kulturlandschaftspfad
 Weihersberg
Ehem. Wehrkirche in Burkhardsreuth
Aussichtspunkt Pichlberger Höhe
Mehr Infos unter
www.trabitz.de · Tel. 09644 9209-0

THEISSEIL
Vierlingsturm mit Strobelhütte,
Kroatenstein und Teufelsstuhl,
Romanische St. Ulrichskirche in Wilchenreuth
Fernmeldeturm Geisleite
Wanderwegenetz mit wunderschönen
 Aussichtspunkten
urige Dorfwirtshäuser
Flurdenkmal Radschuhsäule
Mehr Infos unter
www.theisseil.de · Tel. 09602 94 30-0
Naturpark-Ausflugsgaststätte:
Bauernhof-Cafe Scheidlerhof, Harlesberg 3,
 Tel. 09602 1315

VOHENSTRAUß
Heimatmuseum,
Edelsteinmuseum
Friedrichsburg (16. Jh.) mit sechs Türmen
Wehrkirche (12. Jh.) in Altenstadt
Neubarocke Filialkirche (1912) in Waldau
Kalvarienbergkirche (18. Jh.) in Oberlind
Weiler Kaltenbaum
Filialkirche St. Matthäus (um 1700) in
 Altentreswitz
Einstieg in den Bockl

Hist. Pfalzgraf-Friedrich-Weg
Einstieg in den längsten Obstlehrpfad
 Bayerns bei Kößing
Sportzentrum, städtisches Naturfreibad
Mehr Infos unter
www.vohenstrauss.de · Tel. 09651 92222-30

VORBACH
Barocke Pfarrkirche St. Johannes in
 Oberbibrach mit reicher Ausstattung
Kath. Kirche St. Anna in Vorbach mit
 historischen Elementen
Reste einer frühmittelalterlichen Burganlage
 neben der Kirche in Oberbibrach
Ortsmuseum im Ortsteil Oberbibrach
Dorfladen mit regionalen Produkten
Dorfwirt mit diversen Kulturveranstaltungen
Kinderspielstätte mit Soccerfeld
Reizvolle Wanderwege
Mehr Infos unter
www.verwaltungsgemeinschaft-
 kirchenthumbach.de
VG Kirchenthumbach · Tel. 09647 9200-0

WAIDHAUS
Pfarrkirche St. Emmeram (um 1868) mit
 moderner Innenbemalung
Freizeit- und Erholungsanlage „Bäckeröd"
Historische Nepomuk-Bildnisse,
Schlosshänge Sulzberg
Einstieg in den Bockl
Bienen- und Kräuterlernort „Dufthang"
Naturerlebnis- und Lehrpfad „Lust"
Ökumenische Autobahnkirche und zugleich
 Radwegekirche mit Anbindung zum
 Jakobsweg
Mehr Infos unter
www.waidhaus.de · Tel. 09652 8220-0
Naturpark-Ausflugsgaststätte:
Gasthof-Pension „Römmererhäusl",
 Oberströbl 1, Tel. 09652 430

WALDTHURN
Heimatmuseum, historische Steinkreuze
Ehem. Jagdschloss (um 1666)
Pfarrkirche St. Sebastian (barock)
Wehrkirche (17. Jh.) in Lennesrieth
auf dem Fahrenberg (801 m)
 Wallfahrtskirche (18. Jh.)
Skierlebnis „Fahrenberg" mit beschneibarer
 Piste

Mehr Infos unter
www.waldthurn.de · Tel. 09657 515

WEIDEN i.d.OPF.
Altes Rathaus mit Glockenspiel (1539–1548; Umbau 1914–1917 und 1981)
Langgestreckter Marktplatz mit Renaissance-Gibelhäusern
Oberes Tor; daneben altes Schloss („Vestes Haus" gegenwärtiger Bau nach 1543)
Unteres Tor (15. Jh./17. Jh.)
Alte Stadtmauer mit Wehrgängen
Altes Schulhaus(1566, jetzt Kulturzentrum „Hans Bauer" mit Stadtmuseum, Stadtarchiv, Galerie und Tachauer Heimatmuseum)
Waldsassener Kasten (1739–1742) mit Internationalem Keramik-Museum und Regionalbibliothek
In der Scheibenstraße als Rest der äußeren Befestigung der Flurerturm (1575)
Denkmal für den letzten bayerischen Handelsminister Gustav von Schlör
Evang. Kirche St. Michael (15. Jh., im 18. Jh. Verändert, Rokoko-Kanzel)
Kath. Kirche St. Sebastian (Barock; im Chorbogen links Renaissance-Grabstein der Zwillingskinder des Pfalzgrafen Friedrich von Vohenstrauß, 1590)
Zweitürmige neoromanische kath. Kirche St. Josef (1900, Innenausstattung im Jugendstil)
Max-Reger-Haus in dem der Komponist (1873–1916) seine Jugendjahre verlebte und seine berühmtesten Orgelwerke schuf (Gedenktafel)
Grabstein Max Regers in der Adenauer-Anlage
Max-Reger-Parkanlage, Uferpfad an der Waldnaab
Stadtökologischer Lehrpfad
Saunen- und Thermenwelt
Fischerberg mit Vierlingsturm und Strobelhütte
Umfangreiches Rad- u. Wanderwegenetz
Mehr Infos unter
www.weiden-tourismus.info
Tel. 0961 814131 oder tourist-information@weiden.de
Naturpark-Ausflugsstätte:
Hotel „Hölltaler Hof", Oberhöll 2, 92637 Theisseil, Tel. 0961 4703940

Schützenhaus Dotscheria, Hetzenrichter Weg 20, 92637 Weiden i.d.OPf., Tel. 0961 31880
Gaststätte „Zum Alten Schuster", Schustermooslohe 60, 92637 Weiden i.d.OPf., Tel. 0961 24926

WEIHERHAMMER
Nachbildung eines Kohlenmeilers
Vogelfreistätte Beckenweiher
Naturerlebniswanderweg am Beckenweiher mit Events
„Kalter Brunn" oder Herzogsbrunnen in Kaltenbrunn mit ev. Pfarrkirche (17. Jh.)
typisches Ortsbild sowie historisches Scheunenviertel
Einstieg in den Biotopverbund „Röthenbachtal" mit Naturdenkmalen
Mehr Infos unter
www.weiherhammer.de · Tel. 09605 92010

WINDISCHESCHENBACH
Stützelvilla (Jugendstil um 1888)
Umweltstation Kontinentale Tiefbohrung (KTB) mit InfoZentrum
St.-Agatha-Kirche (19. Jh.) in Neuhaus
Romantisches Waldnaabtal mit Felsformationen
Haus Johannistal mit Waldkapelle und Kreuzweg
Burg Neuhaus mit Butterfassturm
Waldnaabtal-Museum
Historischer Schafferhof
Waldlehrweg Schweinmühle
Waldspielplatz direkt an der Waldnaab
Marktpodest mit Zoiglbrunnen in Neuhaus
Zoiglbrunnen am denkmalgeschützten Kommunbrauhaus
Mehr Infos unter
www.windischeschenbach.de
Tel. 09681 401 240
Naturpark-Ausflugsgaststätte:
Gasthof-Metzgerei Weißer Schwan, Pfarrplatz 1, 09681 1230
Hotel-Restaurant Zum Waldnaabtal, Am Marktplatz 1, OT Neuhaus, Tel. 09681 3711
Ferienhof und Campingplatz Familie Dinger, Schweinmühle 1, Tel. 09681 1359
Zahlreiche Zoiglwirtschaften, Öffnungszeiten unter www.windischeschenbach.de

Ortsregister

Altenparkstein 80, 189
Altenstadt a. d. Waldnaab 80, 81, 82, 105, 187
Altenstädter Wald 49
Altglashütte 153
Altneuhaus 96, 97, 98
Anzenstein 40, 41
Atzmannsberg 40
Barbaraberg 32, 38, 39
Bärnau 123, 153, 156, 160, 161, 162, 164, 174, 187
Bechtsrieth 84, 187
Beckenweiher 17, 65
Beidl 157
Bocklweg 131, 135, 146
Botzerberg 135, 136
Brotfelsen 170
Buchberg 153
Burgtreswitz 179, 182
Diepoltsreuth 111
Dießfurt 64, 67, 68
Döllnitz 91
Döltsch 80
Doost 110, 111, 135
Edeldorf 86
Eichelberg 33
Elm 142
Entenbühl 95, 153
Eschenbach 12, 13, 16, 17, 49, 65, 74, 182, 187
Eslarn 48, 105, 108, 129, 132, 143, 146, 148, 149, 150, 153, 164, 175, 177, 187
Etzenricht 60, 187
Fahrbachtal 177
Fahrenberg 138, 153, 164, 169, 170, 174, 175, 176
Falkenberg 94, 95, 97
Fichtelnaab 61
Fischerberg 92, 124, 126
Floß 110, 111, 138, 139, 159, 166, 187
Flossenbürg 159, 164, 165, 166, 167, 168, 169, 170, 175, 182, 188
Frankenreuth 172
Fränkische Linie 80, 84, 86
Gailertsreuth 138
Gehenhammer 164, 167
Georgenberg 153, 167, 172

Gigl 135
Grafenwöhr 24, 47, 48, 50, 52, 64, 65, 69, 72, 74, 75, 183, 188
Gscheibte Loh 22, 54
Gsteinach 145
Hagendorf 144, 146
Hagenmühle 172
Heilige Staude 126
Herrenstein 98
Herrmannsberg 86
Hessenreuther Wald 24, 44, 54, 55
Hildweinsreuth 168, 170
Holzmühle 81
Hütten 20, 48, 69
Ilsenbach 135, 136, 137
Irchenrieth 84, 188
Johannisbrünnerl 84
Kahrmühle 65
Kaibitz 66
Kainzbachtal 89, 90
Kalte Baum 86, 141, 169
Kastl 39, 40, 188
Kellerhaus 53, 54
Kemnath 34, 40, 41, 189
Kirchendemenreuth 80, 189
Kirchenthumbach 189
Kleiner Kulm 32
Klingenbachtal 72, 183
Kohlberg 72, 73, 123, 183, 189
Kößing 91
Kreuzberg 78, 79, 143, 147
Kühhübel 39
Kuschberg 28, 40, 41
Kutscherberg 153
Leo-Maduschka-Felsen 174
Lerau 84, 95
Lerautal 109
Leuchtenberg 40, 66, 75, 84, 85, 86, 92, 93, 98, 101, 102, 106, 107, 109, 126, 141, 142, 144, 148, 169, 170, 189
Luhe 60, 61, 62, 84, 92, 95
Luhe-Wildenau 60, 61, 183, 189
Mantel 17, 48, 53, 54, 62, 69, 74, 189
Manteler Wald 6, 22, 44, 48, 49, 50, 52, 53, 183
Miesbrunn 144
Mitterberg 153

195

Mockersdorf 32
Moosbach 143, 146, 170, 175, 177, 178, 190
Mühlberg 82, 83
Neuenhammer 66, 174
Neuhaus 94, 101, 102, 105, 106, 107, 108, 183
Neustadt a. d. Waldnaab 7 (Vorwort), 19, 60, 81, 83, 101, 105, 110, 123, 129, 132, 133, 134, 135, 136, 181, 182, 183, 190
Neustadt am Kulm 26, 35, 190
Oberbibrach 60
Oed 80
Parkstein 80, 81, 120, 121, 190
Pechhof 20, 21
Pfreimdtal 6, 91, 101
Pfrentschweiher-Wiesen 148
Pirk 126, 190
Pleystein 132, 143, 144, 145, 146, 147, 153, 164, 169, 170, 191
Plößberg 157, 158, 175, 183, 191
Pressath 21, 22, 33, 47, 49, 55, 58, 60, 62, 65, 67, 68, 74, 80, 191
Püchersreuth 136, 137, 162, 191
Rauhe Kulm 16, 28, 32, 33, 34, 35, 37, 39, 40, 41, 53, 73, 79
Röthenbach 44, 69, 70
Rothenstadt 126
Rupprechtsreuth 50, 53, 54
Rußweiher 12, 13, 14, 15, 16, 18, 19, 24
Sankt Quirin 83, 136, 137
Sauerbachtal 80, 81
Schellenberg 153, 164, 167, 169, 170
Schießlweiher 18
Schirmitz 125, 192
Schlammersdorf 12, 24, 60, 63, 65, 192
Schwanhof 60
Schwarzenbach 18, 64, 65, 74, 192
Schwarzenschwal 97, 98
Schweinmühle 100, 182
Silberhütte 163, 164, 165, 166
Speinshart 15, 36, 38, 40, 65, 117, 181, 182, 192
Stein 157
Steinberg 153, 164
Steinfels 53, 54, 69, 70
Störnstein 134, 135, 192
Strobelhütte 92, 124

Stückberg 150, 151, 153, 177
Sulzberg 164, 177
Süßenloher Weiher 18
Tännesberg 87, 88, 89, 90, 91, 101, 149, 175, 181, 192
Teufelsloh 20
Teufelsmoor 20
Theisseil 83, 101, 193
Thurndorf 189
Tillyschanz 176
Trabitz 40, 57, 65, 193
Trausnitz 101
Tremmersdorf 40
Troschelhammer 66, 67
Ulrichsberg 144
Unterbruck 67
Unterwildenau 69, 71, 72
Vierlingsturm 124
Voglberg 80
Vohenstrauß 85, 86, 91, 132, 140, 141, 146, 182, 193
Vorbach 65, 193
Waffenhammer 66, 137
Waidhaus 145, 146, 148, 151, 164, 172, 177, 193
Waldau 142, 143, 169
Waldeck 34, 40, 41
Waldnaab 59, 60, 61, 62, 69, 72, 81, 94, 95, 99, 101, 104, 105, 158, 164
Waldnaabtal 16, 95, 99, 101, 102, 105, 109
Waldthurn 134, 138, 142, 153, 164, 169, 175, 176, 193
Weiden i. d. OPf. 21, 32, 53, 60, 81, 83, 113, 114, 115, 116, 117, 118, 119, 120, 121, 122, 123, 124, 125, 126, 127, 140, 146, 164, 166, 170, 173, 183, 193
Weiherhammer 17, 62, 65, 182, 183, 193
Weihersberg 55, 57
Wilchenreuth 83, 101
Wildenau 158, 159
Windischeschenbach 60, 61, 77, 80, 95, 100, 105, 108, 182, 183, 194
Wolframshof 66, 67
Wolfslohklamm 101, 109
Woppenrieth 140
Wurz 19, 137
Zottbachtal 143, 144, 167, 173

Der Autor

Wolfgang Benkhardt, Jahrgang 1964, ist in Weiden i. d. OPf. geboren und in Pressath aufgewachsen. Heute lebt er mit seiner Familie in Erbendorf am Rande des Nördlichen Oberpfälzer Walds. Als Lokalredakteur bei Oberpfalz-Medien hat er die Gründung und die spätere Erweiterung des Naturparks journalistisch begleitet. Derzeit ist er als Ressortleiter für die Bereiche Stiftland sowie Kemnath/Erbendorf verantwortlich.

Als Buchautor hat er etliche Werke über seine Heimat verfasst, darunter „Unterwegs zwischen Kulm und Parkstein" (1995), „Der Zoigl – Bierkult aus der Oberpfalz" (2009), „Natürlich Steinwald" (2012), „Steinreich – Naturpark Steinwald" (mit Fotograf Siegfried Steinkohl, 2020), „Steinreich – Wildromantisches Waldnaabtal" (mit Fotograf Siegfried Steinkohl, 2021) sowie „Von Hexen, Geistern und Verbrechern – Die unheimlichsten Orte im Landkreis Tirschenreuth" (2022).

Beseelt ist der Erbendorfer dabei stets vom Gedanken, die Leser nicht nur über allerlei Besonderheiten der Region zu informieren, sondern sie auch für den Erhalt von Brauchtum, Natur- und Kulturgütern zu sensibilisieren und zu begeistern.

Weiterführende Links

Home – Naturpark NOW
naturpark-now.de

Oberpfälzer Wald
oberpfaelzerwald.de

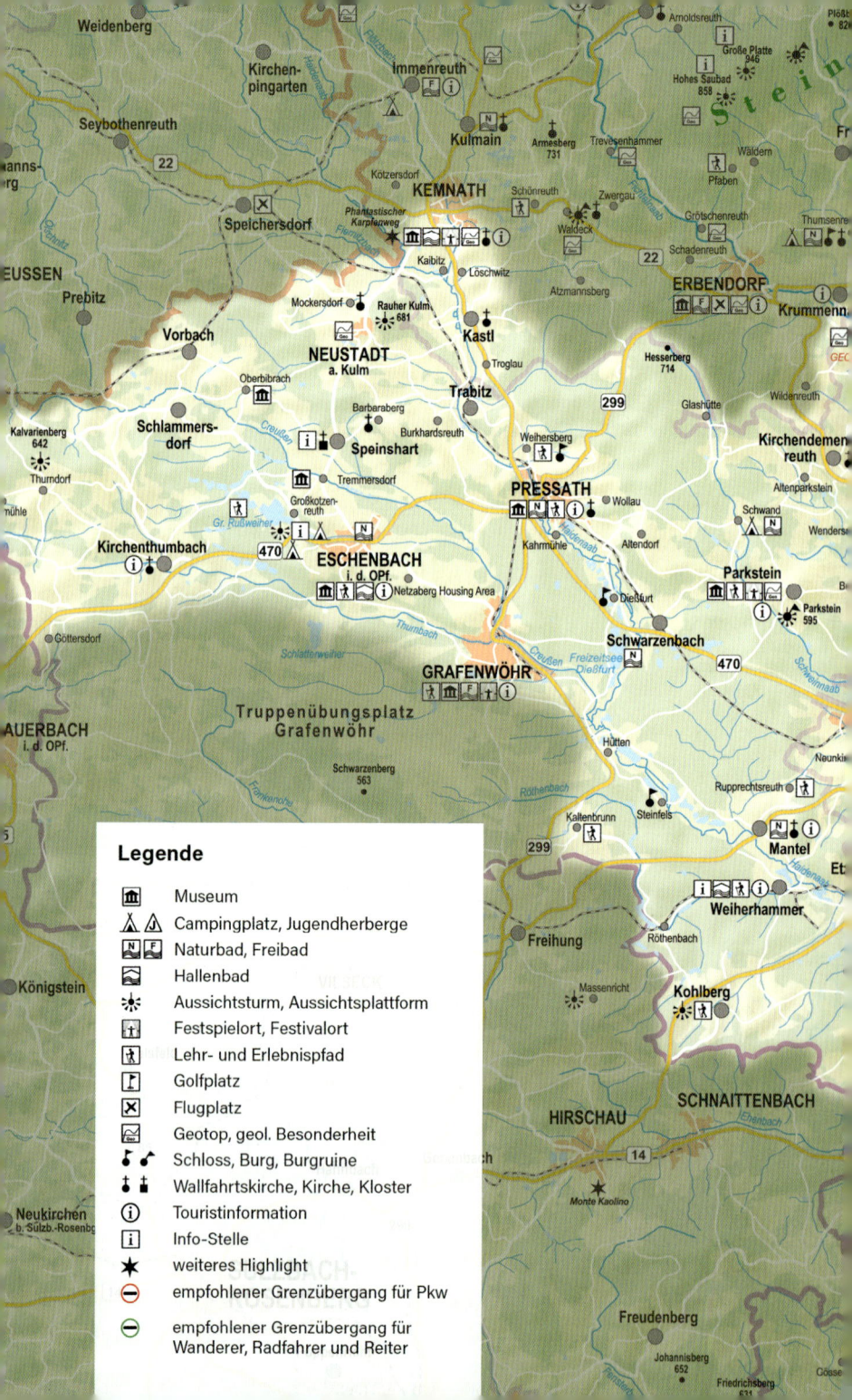

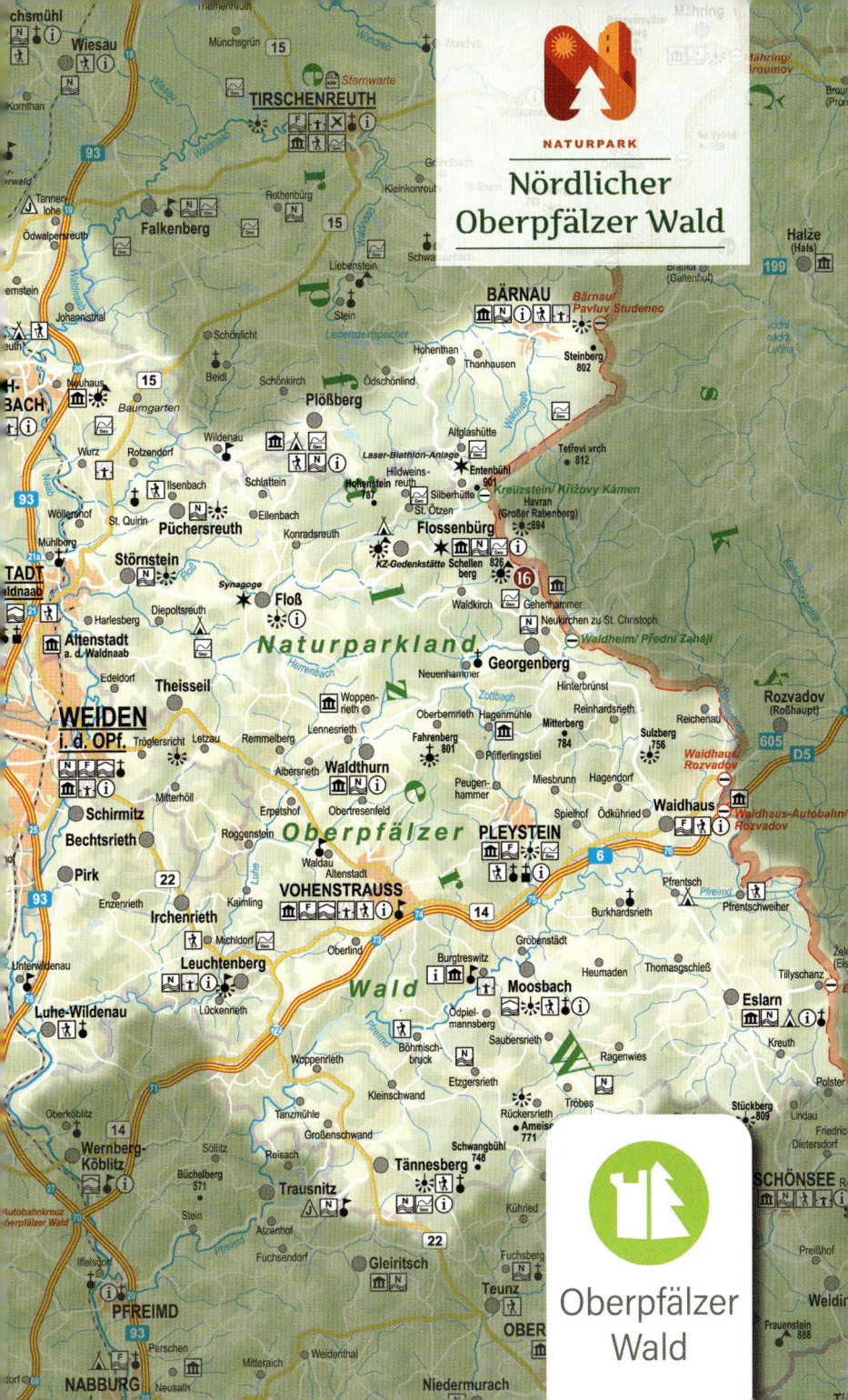

Wunderbare Bücher aus unserer Region

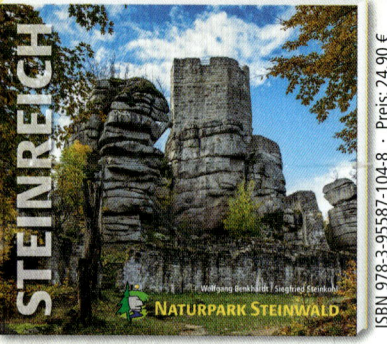

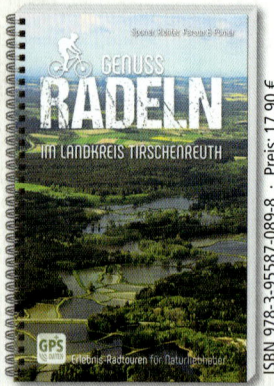

Battenberg Gietl Verlag GmbH
Postfach 166 · 93122 Regenstauf
Tel. 0 94 02 / 93 37-0
www.battenberg-gietl.de/heimat
bestellung@battenberg-gietl.de